电力电子技术 MATLAB 仿真实践指导及应用

邹甲　赵锋　王聪　编著

机械工业出版社

本书主要是为教材《电力电子技术》(王兆安、刘进军主编,机械工业出版社出版)的辅助学习而编写的,由三个部分组成:第 1 部分针对每一章的课后习题提供了基于 MATLAB/Simulink 的仿真电路解析,目的是通过仿真电路搭建及分析,对理论知识进行验证,加深对相关知识点的理解。第 2 部分针对典型的电力电子电路实验项目,搭建了基于 MATLAB/Simulink 的仿真电路,目的是通过仿真研究较好地完成相应实验内容的预习,以提高电力电子技术实验的教学效果。第 3 部分针对电力电子技术典型综合应用案例,挑选近年全国大学生电子设计竞赛电源类题目进行分析,设计相应的电力电子系统闭环控制器,搭建相对应的 MATLAB 仿真电路,以加深对电力电子系统的认识及理解。

本书可作为高等院校电气工程及其自动化、自动化等专业"电力电子技术"课程的学习参考书或辅助教材,也可供从事电力电子技术研究的广大科技人员阅读。

图书在版编目(CIP)数据

电力电子技术 MATLAB 仿真实践指导及应用/邹甲,赵锋,王聪编著. —北京:机械工业出版社,2018.4(2024.7 重印)
ISBN 978-7-111-58831-3

Ⅰ. ①电… Ⅱ. ①邹… ②赵… ③王… Ⅲ. ①电力电子技术-计算机仿真-Matlab 软件-高等学校-教学参考资料 Ⅳ. ①TM1-39

中国版本图书馆 CIP 数据核字(2018)第 000066 号

机械工业出版社(北京市百万庄大街 22 号 邮政编码 100037)
策划编辑:于苏华 责任编辑:于苏华 路乙达
责任校对:王明欣 封面设计:马精明
责任印制:张 博
北京中科印刷有限公司印刷
2024 年 7 月第 1 版第 5 次印刷
184mm×260mm · 10.75 印张 · 257 千字
标准书号:ISBN 978-7-111-58831-3
定价:28.00 元

前　言

　　电力电子技术是使用以开关方式工作的电力半导体器件对电能进行变换和控制的技术。电力电子技术的进步与发展通常被专家学者们称为人类社会的第二次电子革命，对可持续发展、节能环保以及工业的现代化进步起到越来越大的推动作用。该领域的知名专家B. K. Bose 教授认为："电力电子技术在当今时代至少与计算机技术、信息通信技术同等重要，如果不是更重要的话。"

　　"电力电子技术"的课程教学无论是在本科生还是研究生层次，在我国各高等工科院校电气工程及其自动化、自动化等专业历来受到高度的重视。然而，由于这门课程内容宽泛，且本质上是多学科交叉，对于授课教师和听课学生一直都是一个巨大的挑战。近年来，为了使学生能够对课堂讲授知识更好地融会贯通，电力电子技术的课后作业有时会要求以仿真的形式完成，甚至成为课后作业的主要完成形式；同时为了提高本门课程实验教学的效率，通常会鼓励学生在实验前应用仿真手段对所要完成的电力电子技术实验内容进行预习。应用仿真的形式完成课后作业和实验预习，无论是加深学生对理论知识的直观理解，还是提高学生的综合应用创新能力，都会起到极大的帮助作用。一个普遍的共识是，在学习、分析、设计和评价电力电子变换电路时应用仿真的手段，可以带来诸多的益处，如：①通过观察电力电子变换电路电压和电流的仿真波形，可以对所学习的电路有更加直观和深入的理解，这种理解通常仅靠纸和笔的分析是做不到的；②可以通过仿真对即将进行的实验有一个全面的理解、预习和准备；③可以通过仿真找到电路设计中可能存在的问题，并确定最优的电路拓扑和控制参数；④可以通过仿真观察到所有电路的相关波形，而有些波形在实际实验中可能不便于观察；⑤通过仿真可以对实验室中不存在的实验电路或不方便学生使用的实验电路进行分析和学习。显然，仿真已成为目前学习、分析、设计和评价电力电子变换电路的一个强有力的工具。

　　早在 20 世纪 50 年代，用于电气和电子电路设计的基于计算机分析的技术就已经被开发出来。随着集成电路的迅猛发展，该类技术在 20 世纪 70 年代受到高度的关注并得到了广泛的应用。在同一时期，计算机仿真技术也开始用于电气传动系统以及晶闸管相控电路的分析与设计，从而为电力电子技术的发展奠定了坚实的基础。目前已有很多种能够对电力电子电路和系统进行仿真分析的软件，如 PSpice、Saber、MATLAB、PSIM 等，其中 MATLAB 得到最广泛的应用。MATLAB 不仅是一种强大的通用仿真软件，而且其含有的电力系统工具箱为研究电力电子系统以及电力传动控制系统提供了极大的便利。本书所有的仿真程序设计都是在 MATLAB 环境下完成的。

　　本书主要是为教材《电力电子技术》（王兆安、刘进军主编，机械工业出版社出版）的辅助学习而编写的，由三个部分组成：第 1 部分针对每一章的课后习题，提供了基于 MAT-

LAB/Simulink 的仿真电路。目的是希望学生能够在使用笔和纸完成作业的同时，可以通过仿真波形对理论分析结果进行验证，并加深对课后作业的理解。第 2 部分针对实验教学大纲要求开设的典型电力电子技术实验项目，进行实验电路的工作原理介绍，并搭建基于 MAT-LAB/Simulink 的仿真电路，目的是希望学生进行电力电子技术实验之前，能够通过仿真研究较好地完成相应实验内容的预习，以提升实验的教学效果。第 3 部分针对电力电子技术应用的综合实践教学需求，将近些年全国大学生电子设计竞赛部分电源类题目作为优质的教学资源进行介绍，搭建相对应的仿真系统，目的是希望学生能够通过对电力电子系统（包括主电路、检测电路以及闭环控制电路）的整体仿真研究，加深对电力电子技术实际工程应用的理解，提高电力电子技术的应用能力和创新能力。

王聪教授对本书进行了整体规划并撰写了前言部分。本书第 1、2 章由赵锋博士编写，其余各章由邹甲博士编写并负责全书的统稿。本书由程红教授主审。研究生何棒棒、刘瑁琪、孔佳仪、马勇、邱少坡参与了本书的仿真程序编写与排版等工作，在此一并表示感谢。

本书可作为高等院校电气工程及其自动化、自动化等专业本科生以及研究生的教学参考书或辅助教材，也可供从事电力电子技术研究的广大科技人员阅读。

由于编者水平有限，书中有欠妥之处在所难免，敬请读者批评指正。

编著者

目　录

第1部分

电力电子技术课后
习题仿真指导

第 1 章

电力电子电路的MATLAB仿真方法介绍

1.1　MATLAB 软件简介　◀◀◀

MATLAB 是由 MATrix 和 LABoratory 两词的前三个字母组合而成。20 世纪 70 年代后期，时任美国新墨西哥大学计算机科学系主任的 Cleve Moler 教授出于减轻学生编程负担的动机，为学生设计了一组调用 LINPACK 和 EISPACK 库程序的"通俗易用"的接口，此即用 FOR-TRAN 编写的处于萌芽状态的 MATLAB。

经过几年的校际流传，在 Little 公司的推动下，由 Little、Moler、Steve Bangert 合作，于 1984 年成立了 MathWorks 公司，并把 MATLAB 正式推向市场。从这时起，MATLAB 的内核采用 C 语言编写，而且除原有的数值计算能力外，还新增了数据图视功能。

MATLAB 以商品形式出现后，仅短短几年就以其良好的开放性和运行的可靠性，将原先控制领域里的封闭式软件包（如英国的 UMIST，瑞典的 LUND 和 SIMNON，德国的 KEDDC）纷纷淘汰，而改以 MATLAB 为平台加以重建。经过 30 多年的发展与持续的更新换代，目前最新 MATLAB 软件最新版本已升级至 R2017b。

由于 MATLAB 在编程上的直观性及可视性，在国内外的大学里，诸如应用代数、数理统计、自动控制、数字信号处理、模拟与数字通信、时间序列分析、动态系统仿真等课程的教材都把 MATLAB 作为内容。所以说，MATLAB 是相关专业领域的本科生、研究生所需掌握的基本工具之一。

在国际学术界，MATLAB 被认为是一款准确、可靠的科学计算标准软件。在许多国际一流的学术刊物上（尤其是信息科学刊物），都可以看到 MATLAB 的应用成果。截至 2017 年，MATLAB 在工业界和学术界已拥有超过 200 万用户。

1.2　Simulink 仿真环境　◀◀◀

Simulink 为 MATLAB 中一个非常重要的集成软件包。它可以处理的系统包括：线性、非线性系统；离散、连续及混合系统；单任务、多任务离散事件系统。它为用户提供了动态系统建模、分析和仿真的交互环境。同时，Simulink 的专用模型库提供了一些元件集，它与 MATLAB 及其工具箱结合使用，可以对连续系统、离散系统、连续和离散混合系统的动态性能进行仿真与分析。

在 Simulink 仿真环境中，系统的各元件模型都用框图来表达，用户可以通过单击拖动鼠标的方式绘制和组织系统，并完成对系统的仿真。对于用户而言，只需要知道这些元件模块的功能、输入输出以及图形界面的使用方法，再根据具体电路的参数，就可以很方便地使用鼠标和键盘进行系统仿真，而不必通过复杂的编程，这无疑是很受欢迎的。

1.2.1 Simulink 仿真环境的运行与启动

以 MATLAB 2016a 版本为例介绍启动进入 Simulink 仿真环境的三种方法，如图 1-1 所示。

1）在 MATLAB 菜单栏单击 " ![Simulink] "。

2）在 MATLAB 的命令行窗口输入 "simulink" 并按回车键。

3）单击工具栏 "新建" 下拉箭头，然后在弹出的目录中单击 "Simulink model"。

图 1-1 Simulink 仿真环境的进入方法

上述三种方法任选一种，均可进入 Simulink 仿真环境。

1.2.2 常用仿真模块库

仿真模块库内包含了多种基本模块，它们按照功能及应用领域分类，供不同专业领域内的用户选择调用。对于电力电子仿真而言，至少要包含标准的 Simulink 模块库和电气系统（Power Systerms）模块库。在 Simulink 仿真界面，可通过单击菜单栏中 " ![] " 打开 Simulink Library Browser，如图 1-2、图 1-3 所示。

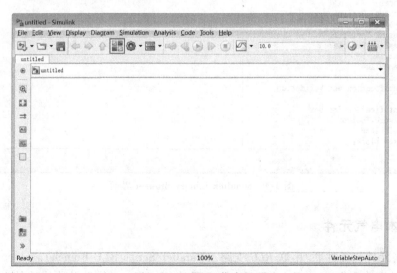

图 1-2 Simulink 仿真界面

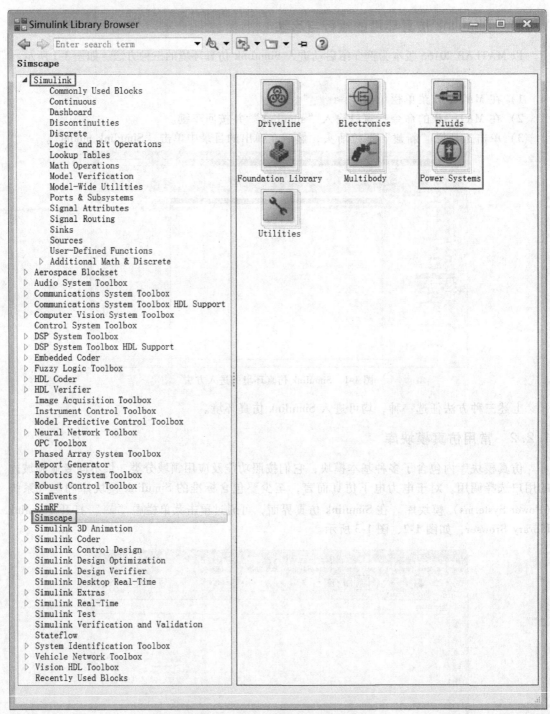

图 1-3　Simulink Library Browser 界面

1.2.3　基本电气元件

基本电气元件包括并联/串联 *RLC* 支路（Parallel/Series RLC Branch）。

并联 *RLC* 支路取自 Specialized Technology 下的 Elements（线性及非线性的电路网络元件

模块库），如图 1-4 所示，其元件图形及参数设置对话框如图 1-5 所示。通过设置"Branch type"可以自由组合 RLC 的并联情况，也可将其设置为单一的 R、L、C。

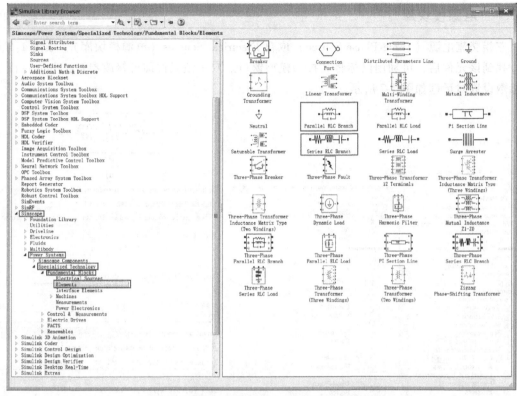

图 1-4 线性及非线性的电路网络元件模块库

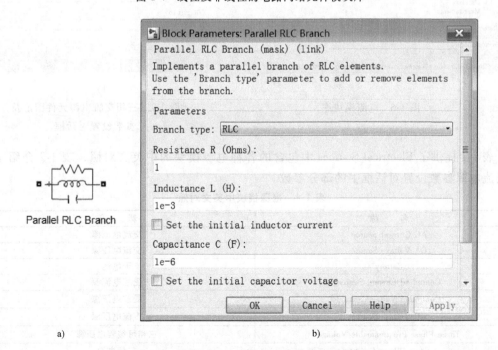

a)   b)

图 1-5 并联 RLC 支路图形及参数设置对话框

串联 *RLC* 支路的文件位置、参数设置可参考并联 *RLC* 支路，通过设置"Branch type"可以自由组合 *RLC* 的串联情况，也可将其设置为单一的 *R*、*L*、*C*。

1.2.4　电源模块库

三相交流电源（Three-Phase Source）取自 Electrical Sources（电源模块库），如图 1-6 所示。找到该元件后，可利用鼠标将其拉入模型窗口。双击该元件即可修改参数，其元件图形及参数设置对话框如图 1-7 所示。

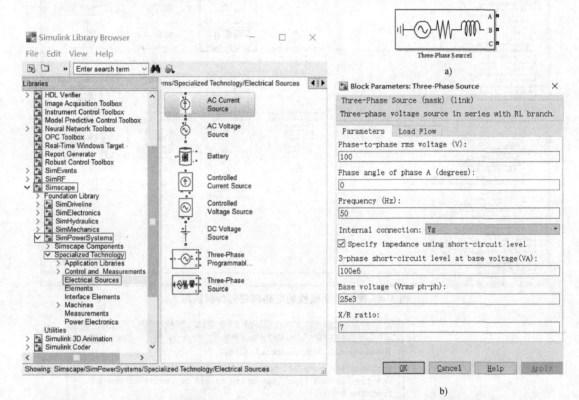

图 1-6　电源模块库　　　　　　　　图 1-7　三相交流电源元件图形及
　　　　　　　　　　　　　　　　　　　　　　参数设置对话框

表 1-1 提供了 Electrical Sources 中包含的各种电源模块的中英文对照，表 1-2 介绍了三相交流电源参数设置对话框中的部分参数。

表 1-1　电源模块中英文对照

名　　称	释　　义
AC Current Source	交流电流源
CA Voltage Source	交流电压源
Battery	干电池
Controlled Current Source	受控电流源
Controlled Voltage Source	受控电压源
DC Voltage Source	直流电压源
Three-Phase Programmable Voltage	三相可编程电压源
Three-Phase Source	三相电源

表 1-2　三相交流电源参数设置对话框中部分参数

名　　称	含　　义	备　　注
Phase-to-phase rms voltage/V	设置三相电压的线电压有效值	线电压是相电压的 $\sqrt{3}$ 倍
Phase angle of phase A/°	设置电源 A 相的初始相角	—
Frequency/Hz	设置电源频率	一般为 50Hz
Internal connection	三相电源星形联结方式	Y:中性点不接地 Yn:中性点经端子 N 引出 Yg:中性点接地

1.2.5　电力电子器件库

对于电力电子技术 MATLAB 仿真电路而言，电力电子器件库尤为重要。MATLAB 中提供的电力电子器件均为简化后的等效模型，即忽略了电力电子器件本身的开关过程。仿真中常用的电力电子器件可通过调用 "Power Electronics" 器件库进行选择，如图 1-8 所示，其中主要包括了晶闸管（Thyristor）、二极管（Diode）、GTO、IGBT、带反并联二极管的 IGBT（IGBT/Diode）、理想开关（idea Switch）、MOSFET、三相桥式电路（Three-Level Bridge）、晶闸管精细模型（Detailed Thyristor）、通用桥式电路（Universal Bridge）等十余种可供选择的仿真元件模型。下面以晶闸管为例，介绍其端子及相关参数的设定。

晶闸管元件图形及参数设置对话框如图 1-9 所示。其中，端子 "a" 为阳极，"k" 为阴极，"g" 为门极，"m" 为晶闸管状态输出端（晶闸管电压及电流）。在 "Resistance Ron" "Inductance Lon" 和 "Forward voltage Vf" 参数下分别设置等效电阻、电感及门槛电压；"Initial current Ic" 用于仿真非零初始状态下设置器件的初始电流；"Snubber resistance Rs" 和 "Snubber capacitance Cs" 用于设置与晶闸管并联的 RC 吸收电路元件参数；当勾选 "Show measurement port" 时，晶闸管的电压、电流状态将在端子 "m" 输出。

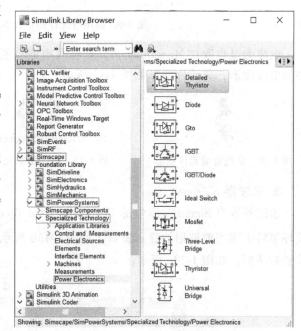

图 1-8　电力电子器件模块库

1.2.6　检测与显示元件

1. 总线合成（Bus Creator）

总线合成取自 Simulink 库中的 Commonly Used Blocks，作用是将多路输入信号合成为信号总线，输出至示波器，以便在一幅波形图中同时显示多个波形曲线，其元件图形如图 1-10 所示。双击可设置输入端口数目（Number of inputs）。

2. 电压/电流测量（Voltage/Current Measurement）

电压测量取自 SimPowerSystems 库中的 Measurements，若输入侧连接到被测电路两端，输出侧（v）将产生所测端点间的电压波形，其元件图形如图 1-11 所示。

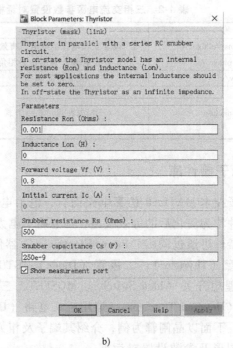

Thyristor

a)   b)

图 1-9　晶闸管元件图形及参数设置对话框

电流测量也取自 Measurements，若将其串联到被测支路中，输出侧（i）将产生所测支路的电流波形，其元件图形如图 1-12 所示。

图 1-10　总线合成元件图形　　　　图 1-11　电压测量元件图形　　　　图 1-12　电流测量元件图形

3. 示波器（Scope）

示波器取自 Simulink 库中的 Commonly Used Blocks，其元件图形如图 1-13a 所示，双击该环节将出现当前波形的显示窗口，如图 1-13b 所示，单击窗口工具栏中的 ◎ 将显示其参数设置对话框，如图 1-13c 所示。

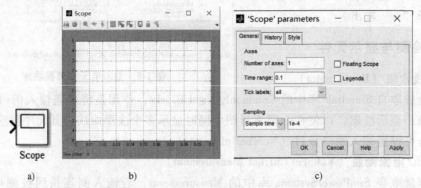

图 1-13　示波器元件图形、波形显示窗口及参数设置对话框

参数设置对话框中，"Number of axes"可以设置示波器窗口内的波形图数目；"Time range"用于设置时间轴的时间范围，可根据电路的仿真时间来选择；"Tick labels"，用于选择时间轴的显示方式；"Sampling"有两个选项："Decimation"和"Sample time"，用于设置显示间隔，前者设置为 n 时表示每计算 n 点显示一次，后者则直接设置显示的时间间隔，单位为 s。

使用 Scope 时，针对用户经常遇到的如下两个问题，给出了解决方法：

1）首次打开波形显示窗口时，背景色为黑色，虚线为白色，要想改变/交换其颜色，用户只需在 Scope parameters 的 Style 中更改 Axes colors 即可。

2）图 1-13b 显示的界面比较简单，有时无法满足用户对波形的处理需求，此时可在 MATLAB 的命令行窗口输入"set（0,′ShowHiddenHandles′,′on′）; set（gcf,′menubar′,′figure′）;"后回车，即可得到图 1-14 所示带工具栏的示波器波形显示窗口，可以对界面和相关参数进行设置。

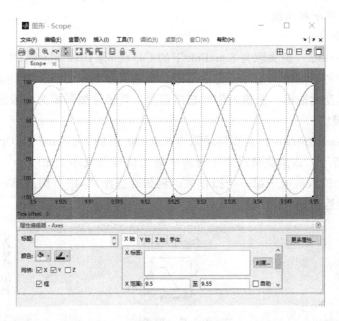

图 1-14 带工具栏的示波器波形显示窗口

1.2.7 信号发生器元件

1. 触发环节（Pulse Generator）

触发环节取自 Simulink 库下的 Sources 库，可用来驱动电力电子器件，其元件图形如图 1-15 所示。双击弹出其参数设置对话框：脉冲形式（Pulse Type）选择"Time based"；时间（Time）选择"Use simulation time"；脉冲幅度（Amplitude）设为 10V；脉冲周期（Period）取电源周期 0.02s；脉冲宽度（Pulse Width）设置为电源周期的 50%；相位延迟（Phase Delay）为从零时刻起至发出脉冲的间隔时间，该参数对应于触发角 α，通过改变该参数可以仿真不同触发角 α 下的电路工作状态，例如若该参数设为 2.5ms，则对应

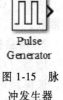

Pulse Generator

图 1-15 脉冲发生器元件图形

于 $\alpha = 45°$。

2. 重复序列（Repeating Sequence）

重复序列取自 Simulink 下的 Sources 库，其元件图形如图 1-16 所示。该模块能够产生随时间变化的重复信号，波形可以任意指定。其参数设置对话框内，"Time values" 可设置单调增加的时间向量；"Output values" 可设置与 Time values 对应的输出向量，例如，生成一个周期为 1s、幅值为 1 的三角波信号，需设置 Time values 为 [0 0.5 1]，Output values 为 [0 1 0]。

图 1-16 重复序列
模块元件图形

1.2.8 运算和逻辑关系元件

1. 求和模块

求和（Sum）模块取自 Simulink 下的 Commonly Used Blocks 库，其元件图形如图 1-17 所示。修改参数设置对话框内 List of sign 为 "＋＋" 和 "＋－" 可以实现加减求和功能。

2. 饱和度模块

饱和度（Saturation）模块取自 Simulink 下的 Commonly Used Blocks 库，其元件图形如图 1-18 所示。该模块可以对输入信号设定上下限：当输入在 Lower limit 和 Upper limit 范围内变化时，输入信号无变化输出；若输入信号超出范围，则信号被限幅为上限值或下限值。

3. 关系运算模块

关系（Relational Operator）运算模块取自 Simulink 下的 Logic and Bit Operations 库，其元件图形如图 1-19 所示。该模块可用来比较两个输入信号的大小关系（ ≡、≈、<、≤、≥、>等），左边第一个输入对应于第一个操作数。例如若选择 "≤"，则当第一个操作数大于等于第二个操作数时输出 1，反之输出 0。

图 1-17 求和模块
元件图形

图 1-18 饱和度
模块元件图形

图 1-19 关系运算
模块元件图形

1.2.9 其他元件

1. 常数模块

常数（Constant）模块取自 Simulink 下的 Commonly Used Blocks 库。该模块可以产生一个常数，双击该元件即可进行设置，其元件图形如图 1-20 所示。

2. 增益模块

增益（Gain）模块取自 Simulink 下的 Commonly Used Blocks 库，其元件图形如图 1-21 所示。该模块可用来设置信号的放大倍数。

3. 终止模块

暂时不用的输出端子要用终止（Terminator）模块进行封闭，该模块位于 Simulink 集的

Sinks 库中。

图 1-20　常数
模块元件图形

图 1-21　增益
模块元件图形

4. Powergui 模块

只要模型中用到了任何 PowerSystems 的模块，就必须包含 Powergui 模块（且一个模型中只能有一个）。大部分情况下，该模块会自动添加，但有些版本可能不太完善，或者用户不小心误删了该模块，就会导致仿真出错。解决方法如下：找一个 Powergui 加到模型中即可，可以放在模型的任意位置，也不需要任何设置。该模块位于 PowerSystems 模块集的 Specialized Technology 库下 Fundamental Blocks 中。

5. PID 模块

图 1-22　PID 模块元件图形

PID（PID Controller）模块取自 Simulink 下的 Continuous 库，其元件图形如图 1-22 所示。该模块输出是比例、积分和微分控制器作用的总和。修改参数设置对话框内 Controller parameters 部分可以选择控制器的形式（PID、PI、PD、P、I），PID 控制器的传递函数是

$$P+\frac{I}{s}+D\frac{N}{1+N/s}$$

其中，增益参数 P、I 和 D 是可调的，N 用来设置微分滤波器的极点位置。

不同版本的 MATLAB 的组织形式可能有差别，若读者使用不同版本时找不到相关模块，可以在工具栏输入全称进行搜索。

第2章

电力电子技术课后习题仿真指导

本章选取西安交通大学王兆安、刘进军主编的《电力电子技术》（第5版）中的典型课后习题进行分析及仿真。读者可以通过本章的学习，在掌握典型习题解法的基础上，进一步通过建立仿真模型、观察仿真波形加深对所学知识的理解。下面将分节对习题进行解析与仿真。

2.1　整流电路的习题解析与仿真　◀◀◀

[题2.1.1]　如图2-1所示，单相半波可控整流电路对电感负载供电，$L = 20\text{mH}$，$U_2 = 100\text{V}$，求当$\alpha = 0°$和$60°$时的负载电流I_d，并画出u_d与i_d的波形。（对应主教材第3章习题1）

1. 理论分析与解析

当$\alpha = 0°$时，在电源电压u_2的正半周，负载电感L储能，在晶闸管VT开始导通时刻，负载电流为零。在电源电压u_2的负半周，负载电感L释放能量，晶闸管VT继续导通。因此，在电源电压u_2的一个周期里，下式成立：

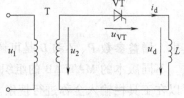

图2-1　带电感负载的单相半波可控整流电路

$$L\frac{\text{d}i_\text{d}}{\text{d}t} = \sqrt{2}\,U_2\sin\omega t$$

考虑到初始条件：当$\omega t = 0$时$i_\text{d} = 0$，可解方程得

$$i_\text{d} = \frac{\sqrt{2}\,U_2}{\omega L}(1 - \cos\omega t)$$

$$I_\text{d} = \frac{1}{2\pi}\int_0^{2\pi}\frac{\sqrt{2}\,U_2}{\omega L}(1 - \cos\omega t)\,\text{d}\omega t = \frac{\sqrt{2}\,U_2}{\omega L} = 22.51\text{A}$$

$\alpha = 0°$时u_d与i_d的波形如图2-2所示。

当$\alpha = 60°$时，在u_2正半周的$60° \sim 180°$期间，晶闸管VT导通使电感L储能，电感L储存的能量在u_2正半周的$180° \sim 300°$期间释放，因此在u_2一个周期的$60° \sim 300°$期间以下微分方程成立：

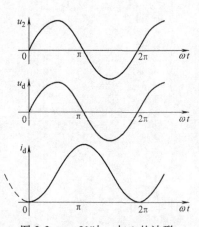

图2-2　$\alpha = 0°$时u_d与i_d的波形

$$L\frac{di_d}{dt}=\sqrt{2}\,U_2\sin\omega t$$

考虑初始条件：当 $\omega t=60°$ 时，$i_d=0$，可解方程得

$$i_d=\frac{\sqrt{2}\,U_2}{\omega L}\left(\frac{1}{2}-\cos\omega t\right)$$

其平均值为

$$I_d=\frac{1}{2\pi}\int_{\frac{\pi}{3}}^{\frac{5\pi}{3}}\frac{\sqrt{2}\,U_2}{\omega L}\left(\frac{1}{2}-\cos\omega t\right)d\omega t=\frac{\sqrt{2}\,U_2}{2\omega L}=11.25\text{A}$$

此时，u_d 与 i_d 的波形如图 2-3 所示。

2．仿真分析与结果

1）打开 Simulink 仿真窗口。

2）在仿真模型库中找到交流电压源（AC Voltage Source）模块，晶闸管（Thyristor）模块，Series RLC Branch 模块，Pulse Generator 模块和 Scope 模块，复制到 Simulink 仿真窗口。

3）按图 2-4 所示连接构成仿真模型，其中 AC Voltage Source 模块设置 Peak Amplitude 为 100V；Series RLC Branch 模块，选择 Branch type 为 L，设置 $L=0.02\text{H}$；Pulse Generator 模块中，脉冲幅度（Amplitude）设置为 10V，脉冲周期（Period）与输入电源周期保持一致，取 0.02s，脉冲宽度（Pulse Width）设置为脉冲周期的 5%。

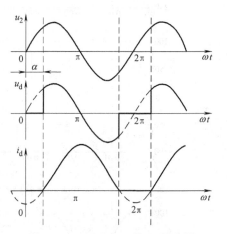

图 2-3　$\alpha=60°$ 时 u_d 与 i_d 的波形

4）选择 ode23tb 算法，相对误差设置为 $1e^{-3}$，仿真开始时间设置为 0，停止时间设置为 0.1s。

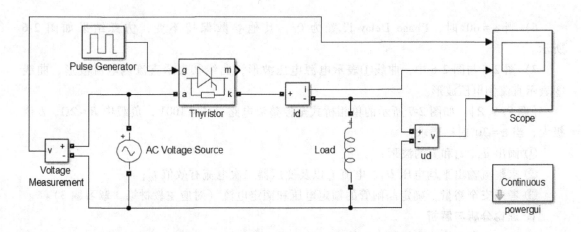

图 2-4　带电感负载的单相半波可控整流电路仿真模型

5）由于本仿真模型中电源电压的初始角为0，因此在 Pulse Generator 模块中，可通过设置相位延迟（Phase Delay）的参数（即零时刻与触发脉冲的间隔时间），对应即为 α 的角度。$\alpha = 0°$ 时，Phase Delay 设置为 0s，仿真结果如图 2-5 所示。

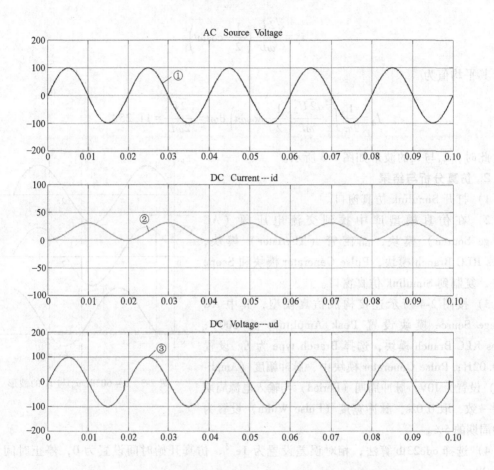

图 2-5　$\alpha = 0°$ 时带电感负载的单相半波可控整流电路仿真波形

6）当 $\alpha = 60°$ 时，Phase Delay 设置为 0s，其他参数保持不变，仿真结果如图 2-6 所示。

7）图 2-5 与图 2-6 中，曲线①表示电源电压波形，曲线②表示直流侧电流波形，曲线③表示直流侧电压波形。

[题 2.1.2]　如图 2-7 所示的单相桥式全控整流电路，$U_2 = 100\text{V}$，负载中 $R = 2\Omega$，L 值极大，当 $\alpha = 30°$ 时，要求：

① 画出 u_d、i_d 和 i_2 的波形；

② 求整流输出平均电压 U_d、电流 I_d 以及变压器二次电流有效值 I_2；

③ 考虑安全裕量，确定晶闸管的额定电压和额定电流（对应主教材第 3 章习题 3）。

1. 理论分析与解析

1）u_d、i_d 和 i_2 的波形如图 2-8 所示。

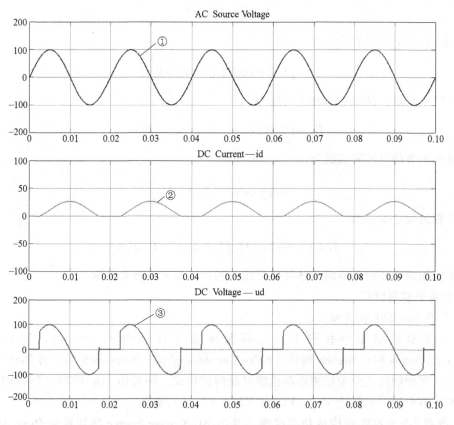

图 2-6 $\alpha = 60°$ 时带电感负载的单相半波可控整流电路仿真波形

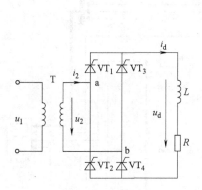

图 2-7 带阻感负载的
单相桥式全控整流电路

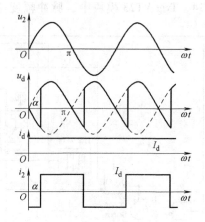

图 2-8 带阻感负载的
单相桥式全控整流电路波形

2）输出平均电压 U_d、电流 I_d 以及变压器二次电流有效值 I_2 分别为

$$U_d = 0.9 U_2 \cos\alpha = 0.9 \times 100 \times \cos 30° \text{V} = 77.97 \text{V}$$

$$I_d = U_d/R = 77.97/2 \text{A} = 38.99 \text{A}$$

$$I_2 = I_d = 38.99\text{A}$$

3）晶闸管承受的最大反向电压为

$$\sqrt{2}\,U_2 = 100\sqrt{2}\,\text{V} = 141.4\text{V}$$

考虑安全裕量，晶闸管的额定电压为

$$U_N = (2\sim3)\times141.4\text{V} = 283\sim424\text{V}$$

通过晶闸管的电流有效值为

$$I_{VT} = I_d/\sqrt{2} = 27.57\text{A}$$

晶闸管的额定电流为

$$I_N = (1.5\sim2)\times27.57/1.57\text{A} = 26\sim35\text{A}$$

晶闸管额定电压和电流的具体数值可按晶闸管产品系列参数选取。

2. 仿真分析与结果

1）打开 Simulink 仿真窗口。

2）在仿真模型库中找到交流电压源模块（AC Voltage Source），晶闸管模块（Thyristor），Series RLC Branch 模块，Pulse Generator 模块，Scope 模块等，复制到 Simulink 仿真窗口，其中的桥式全控整流电路由四只晶闸管构成，同时由 Trig VT14、Trig VT23 两个触发脉冲环节分别对晶闸管 VT_1、VT_4 和 VT_2、VT_3 进行驱动。

3）按图 2-9 所示连接构成仿真模型，其中 AC Voltage Source 模块设置 Peak Amplitude 为 100V；Series RLC Branch 模块选择 Branch type 为 *RL*，设置 $R=2\Omega$，$L=0.1\text{H}$；脉冲触发 Trig VT14、Trig VT23 模块中，脉冲幅度（Amplitude）设置为 10V，脉冲周期（Period）取

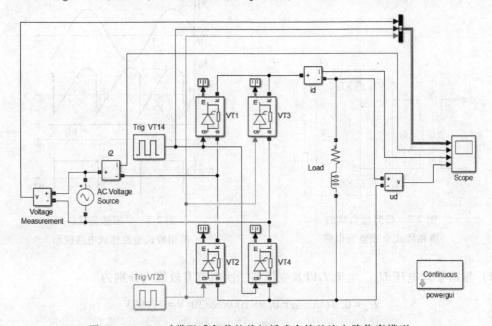

图 2-9　$\alpha=30°$时带阻感负载的单相桥式全控整流电路仿真模型

0.02s，脉冲宽度（Pulse Width）设置为脉冲周期的5%，同时对于脉冲触发 Trig VT14、Trig VT23 模块的相位延迟（Phase Delay）分别设置为 1.7ms、11.7ms（即 $\alpha = 30°$），即 Trig VT14、Trig VT23 产生的触发脉冲使得晶闸管 VT_1、VT_4 和 VT_2、VT_3 分别处于正负半周对应导通。触发延迟角相位上相差 180°。

4）选择 ode23tb 算法相对误差设置为 $1e^{-3}$，仿真开始时间设置为 0，停止时间设置为 0.5s。

5）图 2-10 为 $\alpha = 30°$ 时带阻感负载的单相桥式全控整流电路仿真波形。从上至下，第一幅图中曲线①代表交流电源电压，曲线②、③分别代表触发脉冲 Trig VT14、Trig VT23；第二幅图中曲线代表变压器二次电流 i_2 的波形；第三幅图中曲线代表直流侧电流 i_d 的波形；第四幅图中曲线代表直流侧电压 u_d 的波形。

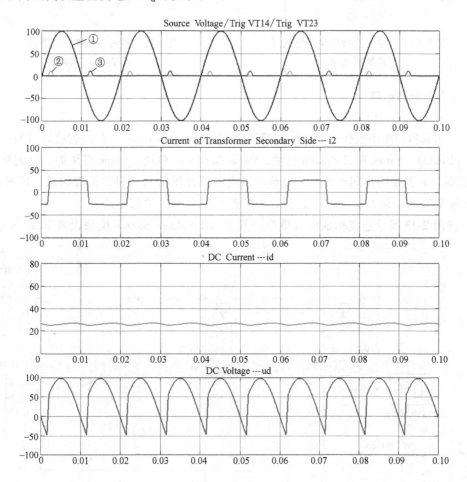

图 2-10　$\alpha = 30°$ 时带阻感负载的单相桥式全控整流电路仿真波形

[题 2.1.3]　如图 2-11 所示的单相桥式半控整流电路，电阻性负载，画出整流二极管在一周内承受的电压波形。（对应主教材第 3 章习题 4）

1. 理论分析与解析

注意到二极管的特点：承受电压为正即导通。因此，二极管承受的电压不会出现正半部分。在电路中器件均不导通的阶段，交流电源电压由晶闸管平衡。

整流二极管在一周内承受的电压波形如图 2-12 所示。

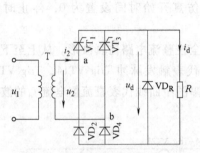

图 2-11 带电阻负载的单相桥式
半控整流电路

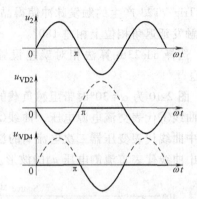

图 2-12 整流二极管在一周内
承受的电压波形

2. 仿真分析与结果

1）打开 Simulink 仿真窗口。

2）在仿真模型库中找到交流电压源模块（AC Voltage Source），晶闸管模块（Thyristor），二极管（Diode），Series RLC Branch 模块，Pulse Generator 模块，Scope 模块等，复制到 Simulink 仿真窗口，其中的单相桥式半控整流电路由两只晶闸管和两只二极管构成，同时由 Trig VT1、Trig VT3 两个触发脉冲环节分别对晶闸管 VT$_1$ 和 VT$_3$ 进行驱动。

3）按图 2-13 所示连接构成仿真模型，其中 AC Voltage Source 模块设置 Peak Amplitude

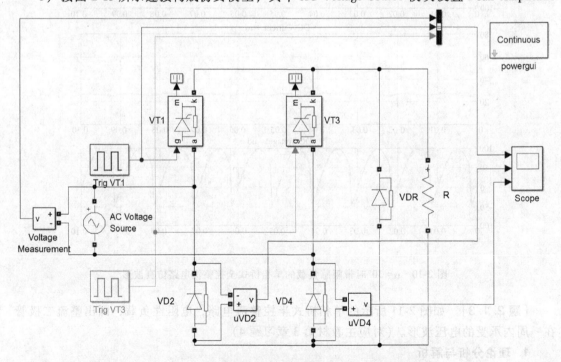

图 2-13 带电阻负载的单相桥式半控整流电路仿真模型

为100V；Series RLC Branch 模块，选择 Branch type 为 R，设置 $R=1\Omega$；脉冲触发 Trig VT1、Trig VT3 模块中，脉冲幅度（Amplitude）设置为10V，脉冲周期（Period）取 0.02s，脉冲宽度（Pulse Width）设置为脉冲周期的5%，同时对于脉冲触发 Trig VT1、Trig VT3 模块的相位延迟（Phase Delay）分别设置为0ms、10ms，即 Trig VT1、Trig VT3 产生的触发脉冲使得 VT_1 和 VT_3 分别处于正负半周对应导通，触发延迟角相位上相差180°。

4）选择 ode23tb 算法相对误差设置为 $1e^{-3}$，仿真开始时间设置为0，停止时间设置为 0.1s。

5）图 2-14 所示为带电阻负载的单相桥式半控整流电路的仿真波形。从上至下，第一幅图中曲线①代表交流电源电压，曲线②、③分别代表触发脉冲 Trig VT1、Trig VT3；第二幅图中曲线代表二极管 VD_2 两端电压波形；第三幅图中曲线代表二极管 VD_4 两端电压波形。

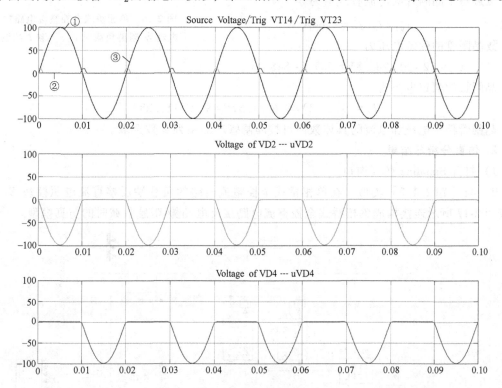

图 2-14 带电阻负载的单相桥式半控整流电路中整流二极管 VD_2、VD_4 的仿真波形

[题 2.1.4] 如图 2-15 所示的单相桥式全控整流电路，$U_2=200V$，负载中 $R=2\Omega$，L 值极大，反电动势 $E=100V$，当 $\alpha=45°$ 时，要求：

① 画出 u_d、i_d 和 i_2 的波形；

② 求整流输出平均电压 U_d、电流 I_d 以及变压器二次电流有效值 I_2；

③ 考虑安全裕量，确定晶闸管的额定电压和额定电流（对应主教材第 3 章习题 5）。

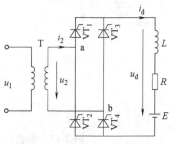

图 2-15 单相桥式全控整流电路接反电动势-阻感负载电路

1．理论分析与解析

1）u_d、i_d和i_2的波形如图 2-16 所示。

2）输出平均电压 U_d、电流 I_d 以及变压器二次电流有效值 I_2 分别为

$$U_d = 0.9U_2\cos\alpha = 0.9 \times 200 \times \cos 45° V = 127.28V$$

$$I_d = (U_d - E)/R = (127.28 - 100)/2A = 13.64A$$

$$I_2 = I_d = 13.64A$$

3）晶闸管承受的最大反向电压为

$$\sqrt{2}U_2 = 200\sqrt{2} V = 282.8V$$

流过每个晶闸管的电流有效值为

$$I_{VT} = I_d/\sqrt{2} = 9.64A$$

故晶闸管的额定电压为

$$U_N = (2 \sim 3) \times 282.8V = 565.6 \sim 848.4V$$

晶闸管的额定电流为

$$I_N = (1.5 \sim 2) \times 9.64/1.57V = 9.21 \sim 12.28A$$

晶闸管额定电压和电流的具体数值可按晶闸管产品系列参数选取。

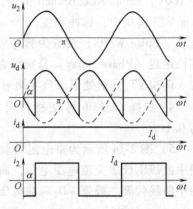

图 2-16　单相桥式全控整流电路接反电动势-阻感负载时 u_d、i_d 和 i_2 的波形

2．仿真分析与结果

1）打开 Simulink 仿真窗口。

2）与［题 2.1.2］类似，在单相桥式全控整流电路的负载端反接直流电源模块 E，然后按图 2-17 所示连接构成单相桥式全控整流电路接反电动势-阻感负载时的仿真模型。

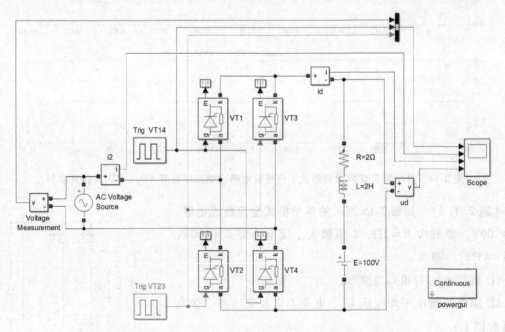

图 2-17　单相桥式全控整流电路接反电动势-阻感负载时的仿真模型

3）仿真模型中，AC Voltage Source 模块设置 Peak Amplitude 为 200V；Series RLC Branch

模块，选择 Branch type 为 *RL*，设置 $R=2\Omega$，$L=2H$；反接直流电源 $E=100V$，脉冲触发 Trig VT14、Trig VT23 模块中，脉冲幅度（Amplitude）设置为 10V，脉冲周期（Period）取 0.02s，脉冲宽度（Pulse Width）设置为脉冲周期的 5%，同时对于脉冲触发 Trig VT1、Trig VT3 模块的相位延迟（Phase Delay）分别设置为 2.5ms、12.5ms（即 $\alpha=45°$），即 Trig VT14、Trig VT23 产生的触发脉冲使得 VT$_1$、VT$_4$ 和 VT$_2$、VT$_3$ 分别处于正负半周对应导通，触发延迟角相位上相差 180°。

4）选择 ode23tb 算法相对误差设置为 $1e^{-3}$，仿真开始时间设置为 0，停止时间设置为 0.5s。

5）图 2-18 所示为单相桥式全控整流电路接反电动势-阻感负载时 u_d、i_d 和 i_2 的仿真波形。从上至下，第一幅图中曲线①代表交流电源电压，曲线②、③分别代表触发脉冲 Trig VT14、Trig VT23；第二幅图中曲线代表变压器二次电流 i_2 的波形；第三幅图中曲线代表直流侧电流 i_d 的波形；第四幅图中曲线代表直流侧电压 u_d 的波形。

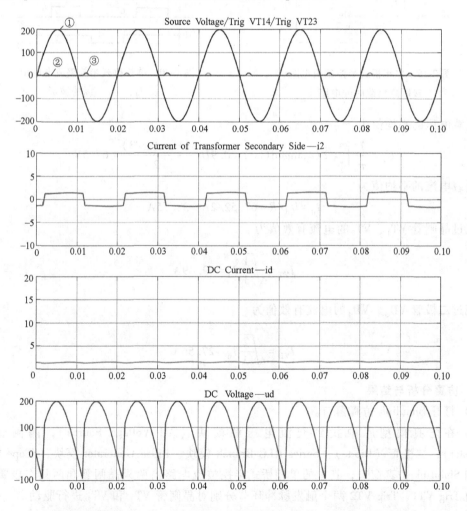

图 2-18　单相桥式全控整流电路接反电动势-阻感负载时 u_d、i_d 和 i_2 的仿真波形

[题 2.1.5] 晶闸管串联的单相半控桥（桥中 VT$_1$、VT$_2$ 为晶闸管）电路如图 2-19 所

示，$U_2 = 100\text{V}$，电阻电感负载，$R = 2\Omega$，L 值很大，当 $\alpha = 60°$ 时求流过器件电流的有效值，并画出 u_d、i_d、i_VT、i_VD 的波形。（对应主教材第 3 章习题 6）

1. 理论分析与解析

u_d、i_d、i_VT、i_VD 的波形如图 2-20 所示。

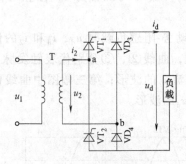

图 2-19 单相桥式半控整流电路
接阻感负载时的电路

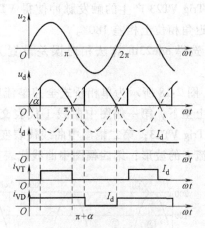

图 2-20 单相桥式半控整流电路中
u_d、i_d、i_VT、i_VD 的波形

负载电压的平均值为

$$U_\mathrm{d} = \frac{1}{\pi} \int_{\frac{\pi}{3}}^{\pi} \sqrt{2}\, U_2 \sin\omega t \mathrm{d}(\omega t) = 0.9 U_2 \frac{1 + \cos(\pi/3)}{2} = 67.5\text{V}$$

负载电流的平均值为

$$I_\mathrm{d} = U_\mathrm{d}/R = 67.52/2\text{A} = 33.75\text{A}$$

流过晶闸管 $\mathrm{VT_1}$、$\mathrm{VT_2}$ 的电流有效值为

$$I_\mathrm{VT} = \sqrt{\frac{1}{3}}\, I_\mathrm{d} = 19.49\text{A}$$

流过二极管 $\mathrm{VD_3}$、$\mathrm{VD_4}$ 的电流有效值为

$$I_\mathrm{VD} = \sqrt{\frac{2}{3}}\, I_\mathrm{d} = 27.56\text{A}$$

2. 仿真分析与结果

1）打开 Simulink 仿真窗口。

2）在仿真模型库中找到交流电压源模块（AC Voltage Source），晶闸管模块（Thyristor），二极管（Diode），Series RLC Branch 模块，Pulse Generator 模块，Scope 模块等复制到 Simulink 仿真窗口，其中的单相桥式半控整流电路由两只晶闸管和两只二极管构成，同时由 Trig VT1、Trig VT2 两个触发脉冲环节分别对晶闸管 $\mathrm{VT_1}$ 和 $\mathrm{VT_2}$ 进行驱动。

3）按图 2-21 所示连接构成仿真模型，其中 AC Voltage Source 模块设置 Peak Amplitude 为 100V；Series RLC Branch 模块，选择 Branch type 为 RL，设置 $R = 2\Omega$，$L = 0.1\text{H}$；脉冲触发 Trig VT1、Trig VT2 模块中，脉冲幅度（Amplitude）设置为 10V，脉冲周期（Period）取

0.02s，脉冲宽度（Pulse Width）设置为脉冲周期的 5%，同时对于脉冲触发 Trig VT1、Trig VT2 模块的相位延迟（Phase Delay）分别设置为 3.3ms、13.33ms（即 $\alpha = 60°$），即 Trig VT1、Trig VT2 产生的触发脉冲使得晶闸管 VT_1 和 VT_2 分别处于正负半周对应导通，触发延迟角相位上相差 180°。

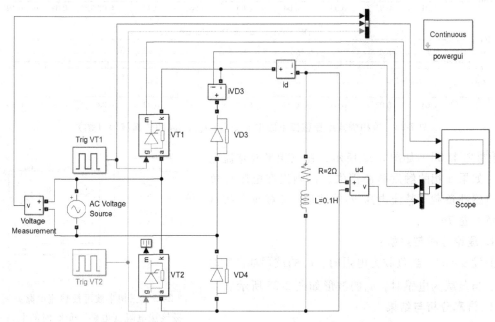

图 2-21　单相桥式半控整流电路接阻感负载时的仿真模型

4）选择 ode23tb 算法相对误差设置为 $1e^{-3}$，仿真开始时间设置为 0，停止时间设置为 0.5s。

5）图 2-22 所示为带阻感负载的单相桥式半控整流电路的仿真波形。从上至下，第一幅图中曲线①代表交流电源电压，曲线②、③分别代表触发脉冲 Trig VT1、Trig VT2；第二幅图中曲线代表流过晶闸管 VT_1 的电流波形；第三幅图中曲线代表流过二极管 VD_3 的电流波形；第四幅图中曲线①、②分别代表直流侧电流 i_d 和直流侧电压 u_d 的波形。

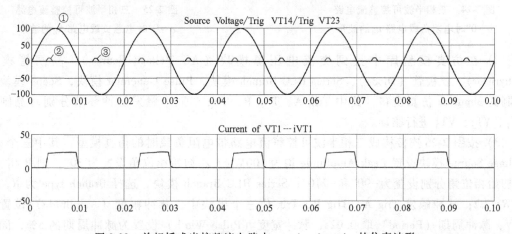

图 2-22　单相桥式半控整流电路中 u_d、i_d、i_{VT}、i_{VD} 的仿真波形

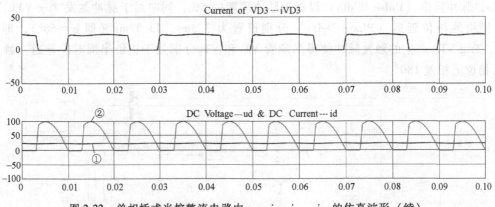

图 2-22　单相桥式半控整流电路中 u_d、i_d、i_{VT}、i_{VD} 的仿真波形（续）

[题 2.1.6]　如图 2-23 所示，在三相半波整流电路中，如果 a 相的触发脉冲消失，试画出在电阻性负载和电感性负载下整流电压 u_d 的波形。（对应主教材第 3 章习题 7）

1. 理论分析与解析：

假设 $\alpha = 0°$，当负载为电阻时，u_d 的波形如图2-24所示。当负载为电感时，u_d 的波形如图 2-25 所示。

2. 仿真分析与结果

1）打开 Simulink 仿真窗口。

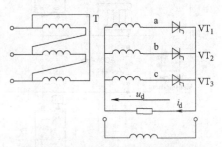

图 2-23　三相半波可控整流电路共阴极接法电阻（电感）负载时的电路

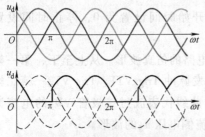

图 2-24　三相半波可控整流电路 $\alpha = 0°$ 时电阻负载电路 u_d 的波形

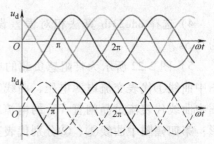

图 2-25　三相半波可控整流电路 $\alpha = 0°$ 时电感负载电路 u_d 的波形

2）在仿真模型库中找到交流电压源模块（AC Voltage Source），晶闸管模块（Thyristor），二极管（Diode），Series RLC Branch 模块，Pulse Generator 模块，Scope 模块等复制到 Simulink 仿真窗口，其中 Trig A、Trig B、Trig C 三个触发脉冲环节分别对晶闸管 VT_1、VT_2、VT_3 进行驱动。

3）按图 2-26 连接构成三相半波可控整流电路带电阻负载时的仿真模型，其中三个 AC Voltage Source 模块设置 Peak Amplitude 均为 100V，A 相初始相位角设置为 30°，则 B 相、C 相初始相位角分别设置为 -90° 和 -210°；Series RLC Branch 模块，选择 Branch type 为 R，设置 $R = 2\Omega$；脉冲触发 Trig A、Trig B、Trig C 三个模块中，脉冲幅度（Amplitude）设置为 10V，脉冲周期（Period）取 0.02s，脉冲宽度（Pulse Width）设置为脉冲周期的 5%，同时对于脉冲触发 Trig A、Trig B、Trig C 模块的相位延迟（Phase Delay）分别设置为 0ms、

6.67ms、13.33ms（Trig A 初始相位角 $\alpha = 0°$），即 Trig A、Trig B、Trig C 模块产生的触发脉冲在相位上每相之间各相差120°。

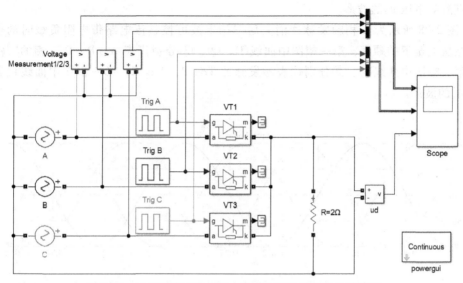

图 2-26　三相半波可控整流电路带电阻负载时的仿真模型

4）选择 ode23tb 算法相对误差设置为 $1e^{-3}$，仿真开始时间设置为 0，停止时间设置为 0.05s。

5）图 2-27 所示为 A 相触发脉冲消失前三相半波可控整流电路带电阻负载时的仿真波

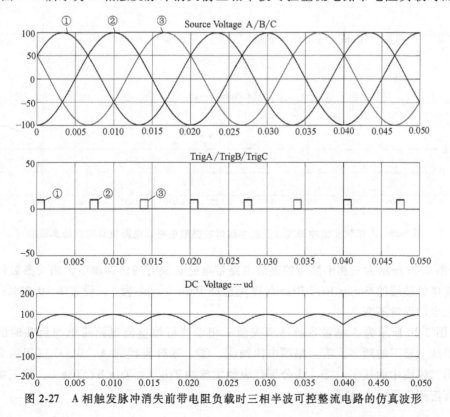

图 2-27　A 相触发脉冲消失前带电阻负载时三相半波可控整流电路的仿真波形

形，按照从上至下的顺序，第一幅图中曲线①、②、③分别代表 A、B、C 三相的交流电源电压；第二幅图中曲线①、②、③分别代表触发脉冲 Trig A、Trig B、Trig C；第三幅图中曲线代表直流侧电压 u_d 的波形。

6）图 2-28 所示为 A 相触发脉冲消失后三相半波可控整流电路带电阻负载时的仿真波形，按照从上至下的顺序，第一幅图中曲线①、②、③分别代表 A、B、C 三相的交流电源电压；第二幅图中曲线①、②分别代表触发脉冲 Trig B、Trig C；第三幅图中曲线代表直流侧电压 u_d 的波形。

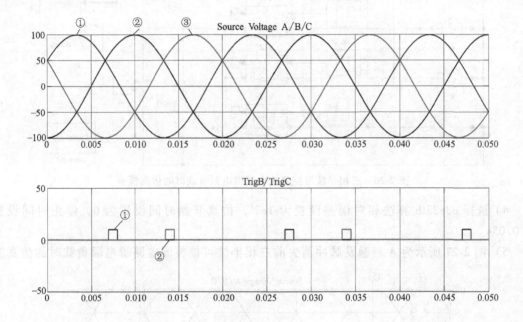

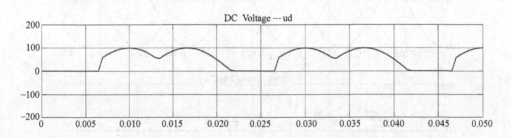

图 2-28　A 相触发脉冲消失后三相半波可控整流电路带电阻负载时的仿真波形

7）图 2-29 所示为三相半波可控整流电路带电感负载时的仿真模型，相关参数设置保持不变，仅将负载端的 Series RLC Branch 模块选择 Branch type 为 L，设置 $L = 0.05\mathrm{H}$；仿真算法与时长也均保持不变。

8）图 2-30 所示为 A 相触发脉冲消失前三相半波可控整流电路带电感负载时的仿真波形，按照从上至下的顺序，第一幅图中曲线①、②、③分别代表 A、B、C 三相的交流电源电压；第二幅图中曲线①、②、③分别代表触发脉冲 Trig A、Trig B、Trig C；第三幅图中曲线代表直流侧电压 u_d 的波形。

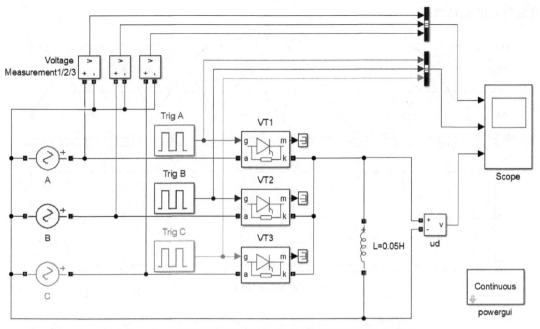

图 2-29　三相半波可控整流电路带电感负载时的仿真模型

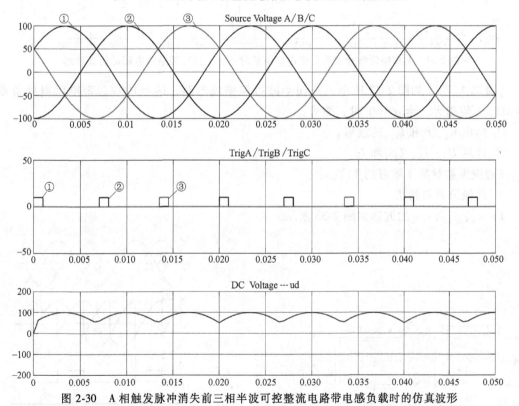

图 2-30　A 相触发脉冲消失前三相半波可控整流电路带电感负载时的仿真波形

9）图 2-31 所示为 A 相触发脉冲消失后三相半波可控整流电路带电感负载时的仿真波形，按照从上至下的顺序来看，第一幅图中曲线①、②、③分别代表 A、B、C 三相的交流电源电压；第二幅图中曲线①、②分别代表触发脉冲 Trig B、Trig C；第三幅图中曲线代表

直流侧电压 u_d 的波形。

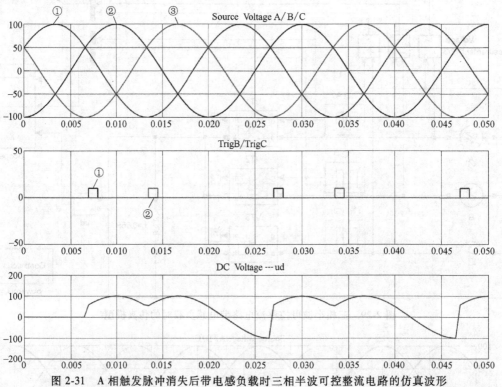

图 2-31　A 相触发脉冲消失后带电感负载时三相半波可控整流电路的仿真波形

[题 2.1.7]　如图 2-32 所示，三相半波可控整流电路，$U_2 = 100\text{V}$，带电阻电感负载，$R = 5\Omega$，L 值极大，当 $\alpha = 60°$ 时，要求：

① 画出 u_d、i_d 和 i_{VT1} 的波形；

② 计算 U_d、I_d、I_{dVT} 和 I_{VT}

（对应主教材第 3 章习题 11）。

1. 理论分析与解析

1）u_d、i_d 和 i_{VT1} 的波形如图 2-33 所示。

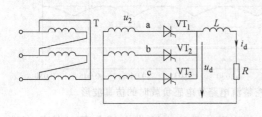

图 2-32　三相半波可控整流电路共阴
极接法带电阻电感负载时的电路

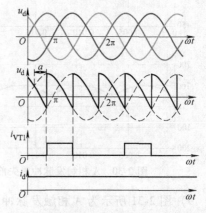

图 2-33　$\alpha = 60°$ 三相半波可控整流电路
带电感电阻时 u_d、i_d、i_{VT1} 的波形

2）U_d、I_d、I_{dVT}和I_{VT}分别如下：

$$U_d = 1.17U_2\cos\alpha = 1.17\times100\times\cos60°\text{V} = 58.5\text{V}$$

$$I_d = U_d/R = 58.5/5\text{A} = 11.7\text{A}$$

$$I_{dVT} = I_d/3 = 11.7/3\text{A} = 3.9\text{A}$$

$$I_{VT} = I_d/\sqrt{3} = 6.755\text{A}$$

2. 仿真分析与结果

1）打开 Simulink 仿真窗口。

2）与［题2.1.6］类似，在三相半波可控整流电路的负载端同时接入电阻电感负载，然后按图2-34所示连接构成三相半波可控整流电路带阻感负载时的仿真模型。

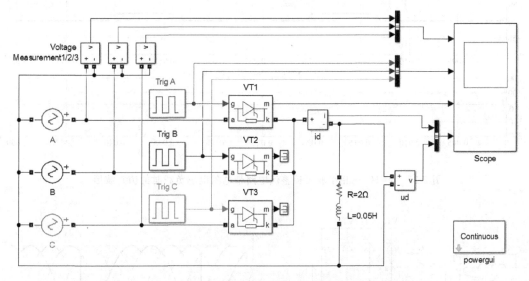

图 2-34　三相半波可控整流电路带阻感负载时的仿真模型

3）仿真模型中，三个 AC Voltage Source 模块设置 Peak Amplitude 均为100V，A 相初始相位角设置为60°，则 B 相、C 相初始角分别设置为-60°和-180°；负载端 Series RLC Branch 模块选择 Branch type 为 RL，设置 $R=2\Omega$，$L=0.05\text{H}$，仿真时长设置为0.2s，脉冲触发 Trig A、Trig B、Trig C 模块的相位延迟（Phase Delay）分别设置为0ms、6.67ms、13.33ms。

4）图2-35所示为 $\alpha=60°$ 时三相半波可控整流电路的仿真波形，按照从上至下的顺序，第一幅图中曲线①、②、③分别代表 A、B、C 三相的交流电源电压；第二幅图中曲线①、②、③分别代表触发脉冲 Trig A、Trig B、Trig C；第三幅图中曲线代表流过晶闸管 VT_1 的电流 i_{VT1} 的波形；第四幅图中，曲线①、②分别代表直流侧电流 i_d 和直流侧电压 u_d 的波形。

［题2.1.8］　如图2-36所示，在三相桥式全控整流电路中，电阻性负载，如果有一个晶闸管不能导通，此时的整流电压 u_d 波形如何？如果有一个晶闸管被击穿而短路，其他晶闸管受什么影响？（对应主教材第3章习题12）

1. 理论分析与解析

假设 VT_1 不能导通，整流电压 u_d 波形如图2-37所示。

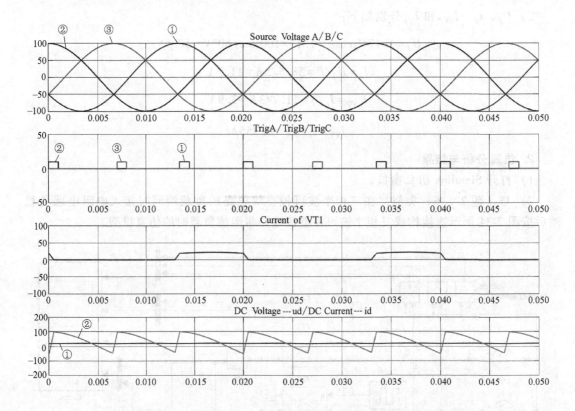

图 2-35　$\alpha = 60°$ 三相半波可控整流电路带电阻电感负载时的仿真波形

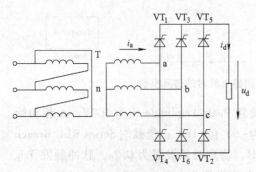

图 2-36　三相桥式全控整流
电路带电阻负载时的电路

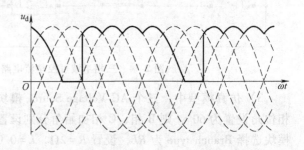

图 2-37　三相桥式全控整流
电路 VT_1 不导通时 u_d 波形

假设 VT_1 被击穿而短路，则当晶闸管 VT_3 或 VT_5 导通时，将发生电源相间短路，使得 VT_3、VT_5 也可能分别被击穿。

2. 仿真分析与结果

1）打开 Simulink 仿真窗口。

2）在仿真模型库中找到交流电压源模块（AC Voltage Source），晶闸管模块（Thyristor），二极管（Diode），Series RLC Branch 模块，Pulse Generator 模块，Scope 模块等复制到 Simulink 仿真窗口，其中 Trig 1、Trig 2、Trig 3、Trig 4、Trig 5、Trig 6 六个触发脉冲

环节分别对 $VT_1 \sim VT_6$ 六只晶闸管进行驱动。

3）图 2-38 所示为三相桥式全控整流电路带电阻负载时的仿真模型，其中三个 AC Voltage Source 模块设置 Peak Amplitude 均为 100V，A 相初始相位角设置为 30°，则 B 相、C 相初始相位角分别设置为 -90° 和 -210°；Series RLC Branch 模块，选择 Branch type 为 R，设置 $R = 1\Omega$；脉冲触发 Trig1 ~ Trig 6 六个模块中，脉冲幅度（Amplitude）设置均为 10V，脉冲周期（Period）取 0.02s，脉冲宽度（Pulse Width）设置为脉冲周期的 5%，同时对于脉冲触发 Trig1 ~ Trig6 模块的相位延迟（Phase Delay）分别设置为 0ms、3.33ms、6.67ms、13.33ms、10ms、16.67ms。

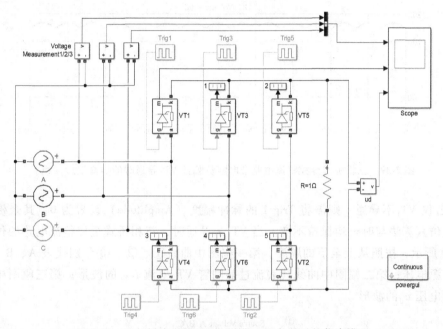

图 2-38　三相桥式全控整流电路带电阻负载时的仿真模型

4）选择 ode23tb 算法相对误差设置为 $1e^{-3}$，仿真开始时间设置为 0，停止时间设置为 0.5s。

5）图 2-39 所示为 VT_1 导通时，三相桥式全控整流电路的仿真波形，按照从上至下的顺序，第一幅图中曲线①、②、③分别代表 A、B、C 三相的交流电源电压；第二幅图中曲线代表流过晶闸管 VT_1 电流 i_{VT1} 的波形；第三幅图中曲线代表直流侧电压 u_d 的波形。

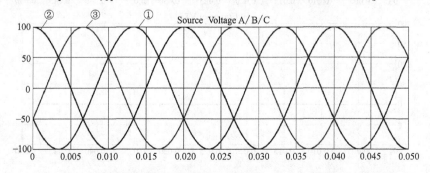

图 2-39　三相桥式全控整流电路带电阻负载且 VT_1 导通时的仿真波形

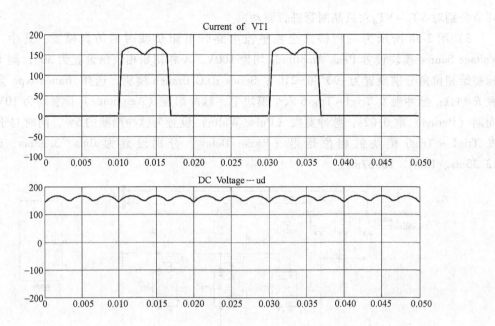

图 2-39　三相桥式全控整流电路带电阻负载且 VT$_1$ 导通时的仿真波形（续）

6）若仅 VT$_1$ 不导通，则需将 Trig 1 的脉冲幅度（Amplitude）设置为 0，其余模块的相关参数及仿真算法与时长均保持不变。当 VT$_1$ 未导通时，三相桥式全控整流电路的仿真波形如图 2-40 所示，按照从上至下的顺序，第一幅图中曲线①、②、③分别代表 A、B、C 三相的交流电源电压；第二幅图中曲线代表流过晶闸管 VT$_1$ 电流 i_{VT1} 的波形；第三幅图中曲线代表直流侧电压 u_d 的波形。

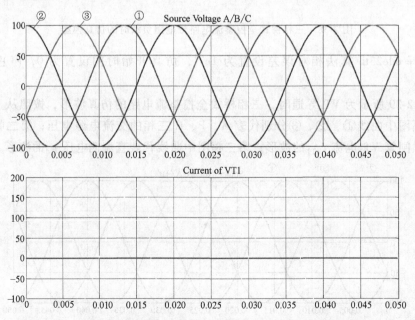

图 2-40　三相桥式全控整流电路带电阻负载且 VT$_1$ 未导通时的仿真波形

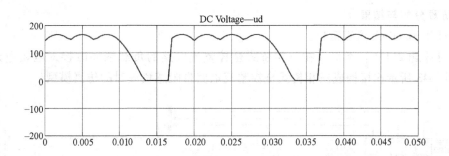

图 2-40　三相桥式全控整流电路带电阻负载且 VT_1 未导通时的仿真波形（续）

[题 2.1.9]　如图 2-41 所示，三相桥式全控整流电路，$U_2 = 100V$，带电阻电感负载，$R = 5\Omega$，L 值极大，当 $\alpha = 60°$ 时，要求：

① 画出 u_d、i_d 和 i_{VT1} 的波形；

② 计算 U_d、I_d、I_{dVT} 和 I_{VT}。

（对应主教材第 3 章习题 13）

1. 理论分析与解析

1）u_d、i_d 和 i_{VT1} 的波形如图 2-42 所示。

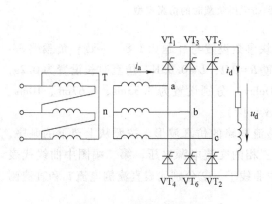

图 2-41　三相桥式全控整流
电路带阻感负载时的电路

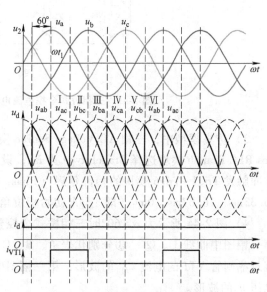

图 2-42　三相桥式全控整流电路
$\alpha = 60°$ 时 u_d、i_d 和 i_{VT1} 的波形

2）U_d、I_d、I_{dVT} 和 I_{VT} 分别如下：

$$U_d = 2.34 U_2 \cos\alpha = 2.34 \times 100 \times \cos 60° V = 117V$$

$$I_d = U_d/R = 117/5A = 23.4A$$

$$I_{dVT} = I_d/3 = 23.4/3A = 7.8A$$

$$I_{VT} = I_d/\sqrt{3} = 23.4/\sqrt{3}A = 13.51A$$

2. 仿真分析与结果

1) 打开 Simulink 仿真窗口。

2) 与［题 2.1.8］类似，在三相桥式全控整流电路的负载端同时接入电阻电感负载，然后按图 2-43 所示连接构成三相桥式全控整流电路带阻感负载时的仿真模型。

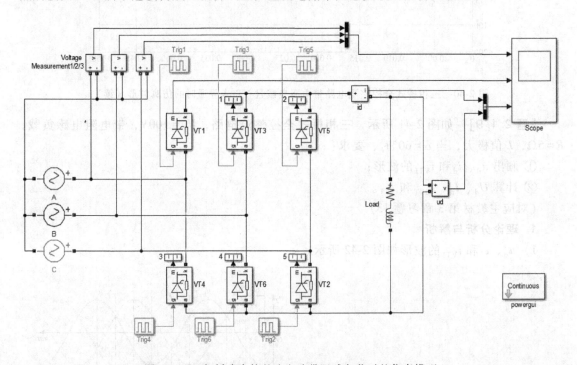

图 2-43　三相桥式全控整流电路带阻感负载时的仿真模型

3) 仿真模型中，三相 AC Voltage Source 模块参数设置与［题 2.1.8］一致；负载端 Series RLC Branch 模块选择 Branch type 为 *RL*，设置 $R=2\Omega$，$L=0.05\text{H}$，仿真时长设置为 0.2s，脉冲触发 Trig1~Trig6 模块的相位延迟（Phase Delay）分别设置为 3.33ms、6.67ms、10ms、13.33ms、16.67ms、0ms（即 TrigA 初始相位角 $\alpha=60°$）。

4) 图 2-44 所示为 $\alpha=60°$ 时三相桥式全控整流电路的仿真波形，按照从上至下的顺序，第一幅图中曲线①、②、③分别代表 A、B、C 三相的交流电源电压；第二幅图中曲线代表流过晶闸管 VT1 的电流 i_{VT1} 的波形；第三幅图中曲线①、②分别代表直流侧电流 i_{d} 和直流侧电压 u_{d} 的波形。

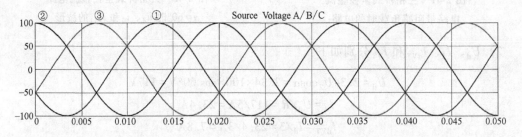

图 2-44　$\alpha=60°$ 时三相桥式全控整流电路的仿真波形

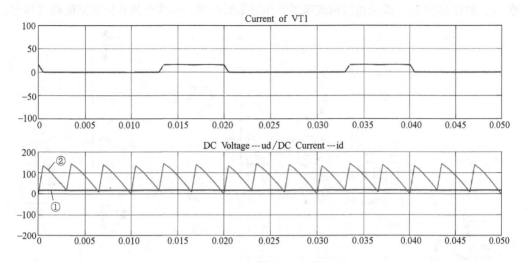

图 2-44　$\alpha=60°$ 时三相桥式全控整流电路的仿真波形（续）

[**题 2.1.10**]　如图 2-45 所示，单相全控桥，反电动势阻感负载，$R=1\Omega$，$L=\infty$，$E=40V$，$U_2=100V$，$L_B=0.5mH$，当 $\alpha=60°$ 时求 U_d、I_d 与 γ 的数值，并画出整流电压 u_d 的波形。（对应主教材第 3 章习题 14）

1. 理论分析与解析

考虑 L_B 时，有

$$U_d=0.9U_2\cos\alpha-\Delta U_d$$

$$\Delta U_d=2X_BI_d/\pi$$

$$I_d=(U_d-E)/R$$

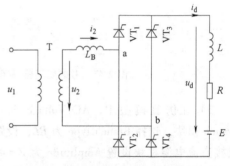

图 2-45　单相桥式全控整流电路带反电动势-阻感负载

解方程组得

$$U_d=(\pi R0.9U_2\cos\alpha+2X_BE)/(\pi R+2X_B)=44.55V$$

$$\Delta U_d=0.455V$$

$$I_d=4.55A$$

又因为

$$\cos\alpha-\cos(\alpha+\gamma)=\sqrt{2}I_dX_B/U_2$$

即得出

$$\cos(60°+\gamma)=0.4798$$

换流重叠角为

$$\gamma=61.33°-60°=1.33°$$

最后，做出整流电压 u_d 的波形如图 2-46 所示。

2. 仿真分析与结果

1）打开 Simulink 仿真窗口。

2）与［题 2.1.4］类似，均为单相桥式全控整流电路带反电动势-阻感负载，不同之处在于本题考虑了变压器的

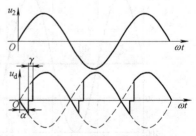

图 2-46　单相桥式全控整流电路 $\alpha=60°$ 时 u_d 的波形

漏感 L_B，故按照图 2-47 所示连接构成考虑变压器漏感时单相桥式全控整流电路的仿真模型。

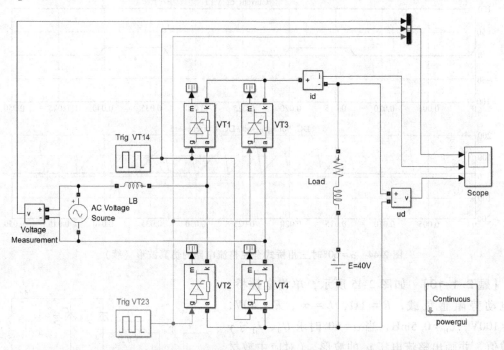

图 2-47　考虑变压器漏感时单相桥式全控整流电路的仿真模型

3）在仿真模型中，AC Voltage Source 模块设置 Peak Amplitude 为 100V；Series RLC Branch 模块，选择 Branch type 为 RL，设置 $R = 1\Omega$，$L = 0.1H$；变压器漏感设置 $L_B = 0.5e^{-3}H$；反接直流电源模块设置 Amplitude 为 $E = 40V$；脉冲触发 Trig VT14、Trig VT23 模块中，脉冲幅度（Amplitude）设置为 10V，脉冲周期（Period）取 0.02s，脉冲宽度（Pulse Width）设置为脉冲周期的 5%，同时对于脉冲触发 Trig VT14、Trig VT23 模块的相位延迟（Phase Delay）分别设置为 3.3ms、13.33ms（即 $\alpha = 60°$），即 Trig VT14、Trig VT23 产生的触发脉冲使得 VT_1、VT_4 和 VT_2、VT_3 分别处于正负半周对应导通，触发延迟角相位上相差180°。

4）选择 ode23tb 算法相对误差设置为 $1e^{-3}$，仿真开始时间设置为 0，停止时间设置为 0.5s。

5）图 2-48 所示为考虑变压器漏感时单相桥式全控整流电路的仿真波形。按照从上至下

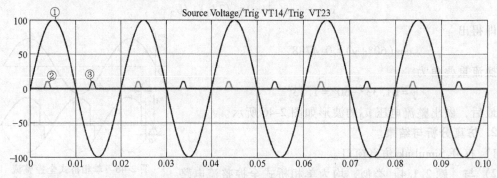

图 2-48　考虑变压器漏感时单相桥式全控整流电路的仿真波形

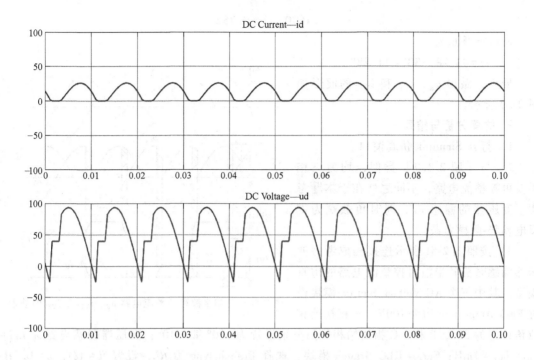

图 2-48 考虑变压器漏感时单相桥式全控整流电路的仿真波形（续）

的顺序，第一幅图中曲线①、②、③分别代表交流电源电压、触发脉冲 Trig VT14、Trig VT23；第二幅图中曲线代表直流侧电流 i_d 的波形；第三幅图中曲线代表直流侧电压 u_d 的波形。

[题 2.1.11] 如图 2-49 所示，三相半波可控整流电路，反电动势阻感负载，$U_2 =$ 100V，$R = 1\Omega$，$L = \infty$，$L_B = 1$mH，求当 $\alpha =$ 30°时、$E = 50$V 时，U_d、I_d、γ 的值并画出 u_d 与 i_{VT1} 和 i_{VT2} 的波形。（对应主教材第3章习题15，L_B 为变压器漏感）

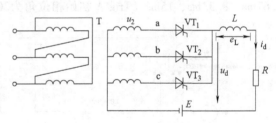

图 2-49 三相半波可控整流电路
带反电动势-阻感负载

1. 理论分析与解析

考虑 L_B 时，有

$$U_d = 1.17U_2\cos\alpha - \Delta U_d$$

$$\Delta U_d = 3X_B I_d/2\pi$$

$$I_d = (U_d - E)/R$$

解方程组得

$$U_d = (\pi R 1.17 U_2 \cos\alpha + 3X_B E)/(2\pi R + 3X_B) = 94.63\text{V}$$

$$\Delta U_d = 6.7\text{V}$$

$$I_d = 44.63\text{A}$$

又因为

$$\cos\alpha - \cos(\alpha + \gamma) = 2I_d X_B/\sqrt{6} U_2$$

即得出

$$\cos(30+\gamma) = 0.752$$

换流重叠角为

$$\gamma = 41.28° - 30° = 11.28°$$

最后，做出 u_d、i_{VT1} 和 i_{VT2} 的波形如图 2-50 所示。

2. 仿真分析与结果

1）打开 Simulink 仿真窗口。

2）与［题 2.1.7］类似，均为三相半波可控整流电路，不同之处在于本题考虑了变压器的漏感 L_B，同时负载端为带反电动势-阻感负载。

3）按照图 2-51 所示连接构成考虑变压器漏感时三相半波可控整流电路的仿真模型。其中三个 AC Voltage Source 模块设置 Peak Amplitude 均为 100V，A 相初始相

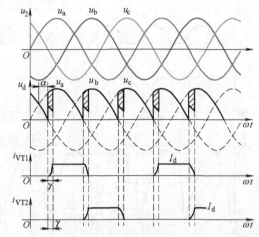

图 2-50　三相半波可控整流电路 u_d、i_{VT1} 和 i_{VT2} 的波形

位角设置为30°，B 相、C 相初始相位角分别设置为-90°和-210°；变压器漏感设置为 $L_{B1} = L_{B2} = L_{B3} = 1mH$；Series RLC Branch 模块，选择 Branch type 为 RL，设置 $R = 1\Omega$，$L = 0.2H$；反接电动势 $E = 50V$；脉冲触发 Trig A、Trig B、Trig C 三个模块中，脉冲幅度（Amplitude）设置为 10V，脉冲周期（Period）取 0.02s，脉冲宽度（Pulse Width）设置为脉冲周期的 5%，同时对于脉冲触发 Trig A、Trig B、Trig C 模块的相位延迟（Phase Delay）分别设置为 1.67ms、8.33ms、15ms（Trig A 初始相位角为30°）。

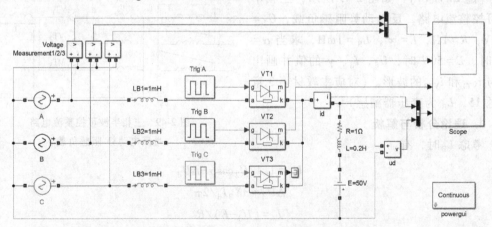

图 2-51　考虑变压器漏感时三相半波可控整流电路的仿真模型

4）选择 ode23tb 算法相对误差设置为 $1e^{-3}$，仿真开始时间设置为 0，停止时间设置为 0.2s。

5）图 2-52 所示为考虑变压器漏感时三相半波可控整流电路的仿真波形，按照从上至下的顺序，第一幅图中曲线①、②、③分别代表 A、B、C 三相的交流电源电压；第二幅图中曲线代表流过晶闸管 VT_1 的电流波形；第三幅图中曲线代表流过晶闸管 VT_2 的电流波形；第四幅图中曲线①、②分别代表直流侧电流 i_d 和直流侧电压 u_d 的波形。

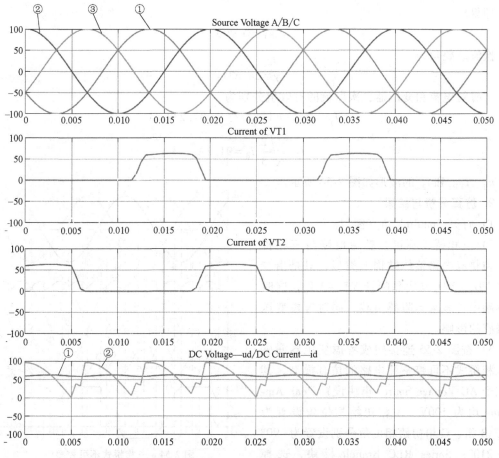

图 2-52 考虑变压器漏感时三相半波可控整流电路的仿真波形

[题 2.1.12] 如图 2-53 所示，三相桥式不可控整流电路，阻感负载，$R = 2\Omega$，$L = \infty$，$U_2 = 100\text{V}$，$X_B = 0.1\Omega$，求 U_d、I_d、I_{VD}、I_2 和 γ 的值并画出 u_d、i_{VD} 和 i_2 的波形。（对应主教材第 3 章习题 16）

1. 理论分析与解析

三相桥式不可控整流电路相当于三相桥式可控整流电路时的情况，则有

$$U_d = 2.34 U_2 \cos\alpha - \Delta U_d$$

$$\Delta U_d = 3 X_B I_d / \pi$$

$$I_d = U_d / R$$

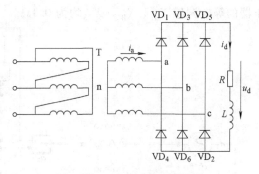

图 2-53 三相桥式不可控整流
电路接阻感负载的电路

解方程组得

$$U_d = 2.34 U_2 \cos\alpha / (1 + 3 X_B / \pi R) = 223.3\text{V}$$

$$I_d = 111.7\text{A}$$

又因为

$$\cos\alpha - \cos(\alpha + \gamma) = 2 I_d X_B / \sqrt{6} U_2$$

即得出

$$\cos\gamma = 0.909$$

换流重叠角为

$$\gamma = 24.63°$$

二极管电流和变压器二次电流的有效值分别为

$$I_{VD} = I_d/3 = 111.7/3\text{A} = 37.23\text{A}$$

$$I_2 = \sqrt{\frac{2}{3}}I_d = 91.2\text{A}$$

u_d、i_{VD1} 和 i_{2a} 的波形如图 2-54 所示。

2. 仿真分析与结果

1）打开 Simulink 仿真窗口。

2）三相桥式不可控整流电路与三相桥式全控整流电路整体结构上类似，只是由二极管 $VD_1 \sim VD_6$ 取代晶闸管 $VT_1 \sim VT_6$，同时在本题中负载端为阻感负载，同时考虑变压器漏感的影响。

3）按图 2-55 连接构成考虑变压器漏感时三相桥式不可控整流电路的仿真模型，其中三个 AC Voltage Source 模块设置 Peak Amplitude 均为 100V，A 相初始相位角设置为 30°，B 相、C 相初始相位角分别设置为 -90° 和 -210°；Series RLC Branch 模块，选择 Branch type 为 RL，设置 $R = 2\Omega$，L 为 inf；变压器的等效漏感 X_{B1}、X_{B2}、X_{B3} 均为 0.1Ω。

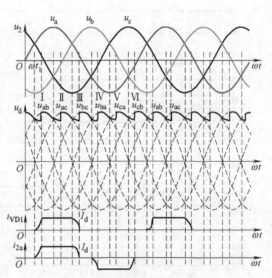

图 2-54 三相桥式不可控整流电路中 u_d、i_{VD1} 和 i_{2a} 的波形

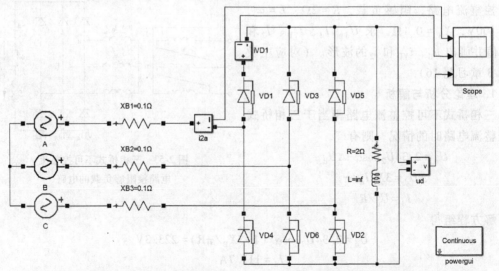

图 2-55 考虑变压器漏感时三相桥式不可控整流电路的仿真模型

4）选择 ode23tb 算法相对误差设置为 $1e^{-3}$，仿真开始时间设置为 0，停止时间设置为 0.5s。

5）图2-56所示为考虑变压器漏感时三相桥式不可控整流电路的仿真波形，曲线①代表A相变压器二次电流 i_{2a}，曲线②代表流过晶闸管 VD_1 电流 i_{VD1} 的波形，曲线③代表直流侧电压 u_d 的波形。

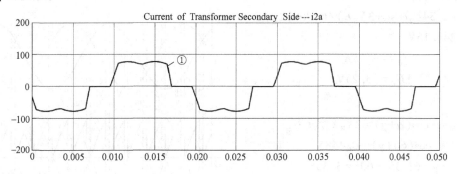

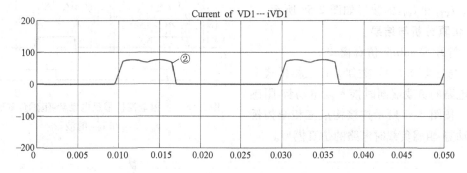

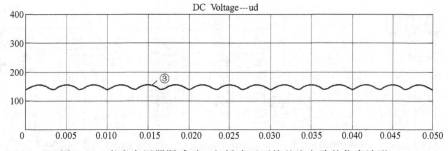

图2-56 考虑变压器漏感时三相桥式不可控整流电路的仿真波形

[题2.1.13] 如图2-57所示，三相全控桥，反电动势阻感负载，$E = 200\text{V}$，$R = 1\Omega$，$L = \infty$，$U_2 = 220\text{V}$，$\alpha = 60°$，当① $L_B = 0$ 和② $L_B = 1\text{mH}$ 情况下分别求 U_d、I_d 的值，后者还应求 γ 并分别画出 u_d 与 i_{VT} 的波形。（对应主教材第3章习题17）

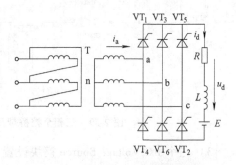

图2-57 三相桥式全控整流电路带
反电动势-阻感负载时的电路

1. 理论分析与解析

1）当 $L_B = 0$ 时，有

$$U_d = 2.34U_2\cos\alpha = 2.34 \times 220 \times \cos 60° \text{V} = 257.4\text{V}$$

$$I_d = (U_d - E)/R = (257.4 - 200)/1\text{A} = 57.4\text{A}$$

2）当 $L_B = 1\text{mH}$ 时，有

$$U_d = 2.34U_2\cos\alpha - \Delta U_d$$

$$\Delta U_d = 3X_B I_d / \pi$$

$$I_d = (U_d - E) / R$$

解方程组得

$$U_d = (2.34U_2\cos\alpha + 3X_B E) / (\pi R + 3X_B)$$

$$= 244.15V$$

$$I_d = 44.15A$$

$$\Delta U_d = 13.25V$$

又因为

$$\cos\alpha - \cos(\alpha + \gamma) = 2X_B X_d / \sqrt{6}\, U_2$$

$$\cos(60 + \gamma) = 0.4485$$

$$\gamma = 63.35° - 60° = 3.35°$$

u_d、i_{VT1} 和 i_{VT2} 的波形如图 2-58 所示。

2. 仿真分析与结果

1）打开 Simulink 仿真窗口。

2）与［题 2.1.9］类似，在三相桥式全控整流电路的负载端同时接入反电动势-阻感负载时，按图 2-59 所示连接构成三相全控桥带反电动势-阻感负载时电路的仿真模型。

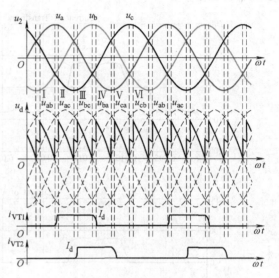

图 2-58　三相全控桥带反电动势-阻感负载时
u_d、i_{VT1} 和 i_{VT2} 的波形

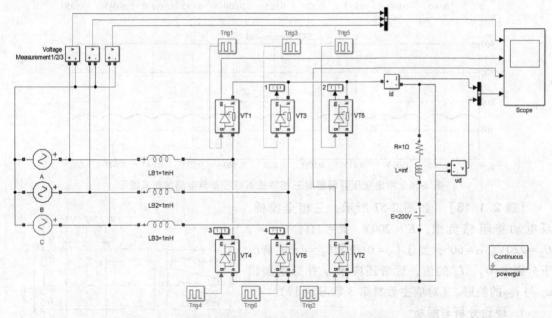

图 2-59　三相全控桥带反电动势-阻感负载时电路的仿真模型

3）三个 AC Voltage Source 模块设置 Peak Amplitude 均为 220V，A 相初始相位角设置为 60°，则 B 相、C 相初始相位角分别设置为 -60° 和 -180°；仿真模型中，负载端 Series RLC Branch 模块，选择 Branch type 为 *RL*，设置 $R = 1\Omega$，$L = \text{inf}$，反接电动势 $E = 220V$，仿真时长设置为 0.5s，脉冲触发 Trig 1～Trig 6 模块的相位延迟（Phase Delay）分别设置为 3.33ms、

6.67ms、10ms、13.33ms、16.67ms、0 ms（即 Trig A 初始相位角为 60°）。

4）图 2-60 所示为 $\alpha = 60°$ 时三相桥式全控整流电路的仿真波形，按照从上至下的顺序，第一幅图中曲线①、②、③分别代表 A、B、C 三相的交流电源电压；第二幅图中曲线代表流过晶闸管 VT_1 的电流 i_{VT1} 的波形；第三幅图中曲线代表流过晶闸管 VT_2 的电流 i_{VT2} 的波形；第四幅图中曲线①和②分别代表直流侧电流 i_d 和直流侧电压 u_d 的波形。

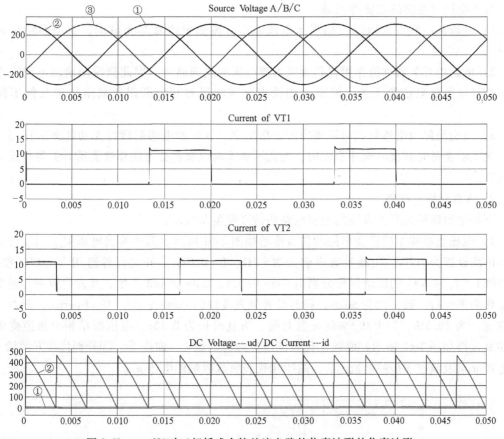

图 2-60　$\alpha = 60°$ 时三相桥式全控整流电路的仿真波形的仿真波形

2.2　逆变电路的习题解析与仿真 ◀◀◀◀

[题 2.2.1]　什么是电压型逆变电路？什么是电流型逆变电路？二者各有何特点？（对应主教材第 4 章习题 3）

1. 理论分析与解析

按照逆变电路直流侧电源性质分类，直流侧是电压源的逆变电路称为电压型逆变电路，主要包括：**电压型单相半桥逆变电路、电压型单相全桥逆变电路、电压型三相全桥逆变电路**等；直流侧是电流源的逆变电路称为电流型逆变电路，主要包括：**电流型单相并联谐振式逆变电路、电流型三相逆变电路**等。

电压型逆变电路的主要特点是：

1）直流侧为电压源，或并联有大电容，相当于电压源。直流侧电压基本无脉动，直流回路呈现低阻抗。

2）由于直流电压源的钳位作用，交流侧输出电压波形为矩形波，并且与负载阻抗角无关。而交流侧输出电流波形和相位因负载阻抗情况的不同而不同。

3）当交流侧为阻感负载时需要提供无功功率，直流侧电容起缓冲无功能量的作用。为了给交流侧向直流侧反馈的无功能量提供通道，逆变桥各臂都并联了反馈二极管。

电流型逆变电路的主要特点是：

1）直流侧串联有大电感，相当于电流源。直流侧电流基本无脉动，直流回路呈现高阻抗。

2）电路中开关器件的作用仅是改变直流电流的流通路径，因此交流侧输出电流为矩形波，并且与负载阻抗角无关。而交流侧输出电压波形和相位则因负载阻抗情况的不同而不同。

3）当交流侧为阻感负载时需要提供无功功率，直流侧电感起缓冲无功能量的作用。因为反馈无功能量时直流电流并不反向，因此不必像电压型逆变电路那样要给开关器件反并联二极管。

2. 仿真分析与结果

下面给出四种具有代表性的逆变电路的仿真模型及波形。

1）电压型单相半桥逆变电路的仿真模型如图 2-61 所示，其中直流电源 U_{d1}、U_{d2} 的 Amplitude 均设置为 100V，负载参数设置为 $R = 2\Omega$、$L = 0.01H$，开关器件选用 MOSFET 模块，MOSFET VT_1 和 VT_2 的驱动信号分别由 Gate Drive1、Gate Drive2 产生，其发生频率与逆变器的工作频率保持一致，均为 50Hz，同时设置触发模块的 Pulse Width（% of period，即对应的占空比）为 49.5%，留出 0.5% 的死区时间，仿真时长为 0.15s。电压型单相半桥逆变电路的仿真波形如图 2-62 所示，曲线①代表流过负载的电流 i_o，曲线②、③分别代表开关管 VT_1 的电压 u_{VT1} 及流过 VT_1 的电流 i_{VT1}，曲线④代表负载两端的电压 u_o。

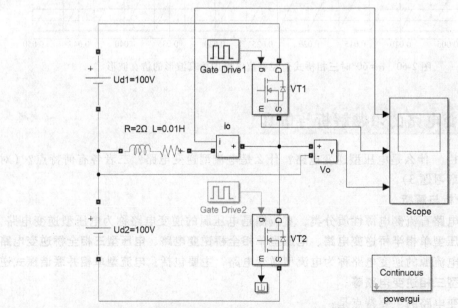

图 2-61　电压型单相半桥逆变电路的仿真模型

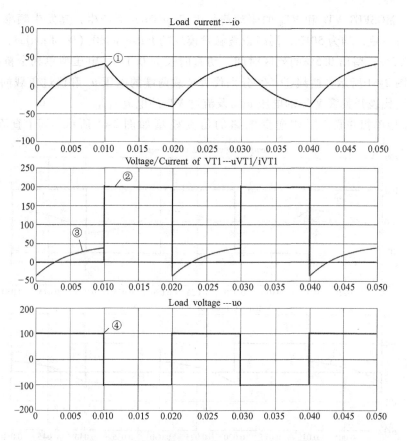

图 2-62　电压型单相半桥逆变电路的仿真波形

2）电压型单相全桥逆变电路的仿真模型如图 2-63 所示，其中直流电源 U_d 的 Amplitude 设置为 100V，负载参数设置为 $R=2\Omega$、$L=0.01H$，MOSFET VT_1 和 VT_4 的驱动信号由 Gate

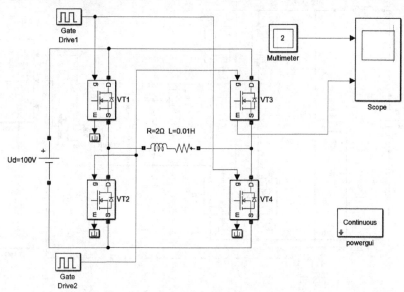

图 2-63　电压型单相全桥逆变电路的仿真模型

Drive1 产生，MOSFET VT_2 和 VT_3 的驱动信号由 Gate Drive 2 产生，其发生频率与逆变器的工作频率保持一致，均为 50Hz，同时设置触发模块的 Pulse Width（% of period，即对应的占空比）为 49.5%，留出 0.5% 的死区时间，仿真时长为 0.15s。电压型单相全桥逆变电路的仿真波形如图 2-64 所示，曲线①、②分别代表负载两端的电压 u_o 和流过负载的电流 i_o，曲线③、④分别代表开关管 VT_3 的电压 u_{VT3} 及流过 VT_3 的电流 i_{VT3}。

3）电流型单相并联谐振式逆变电路的仿真模型如图 2-65 所示，其中直流电源 U_d 的

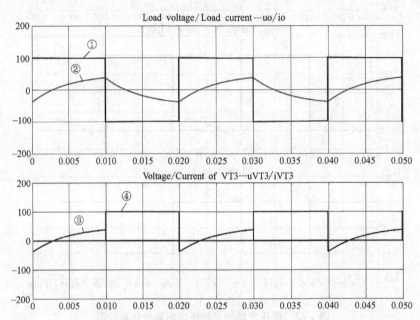

图 2-64　电压型单相全桥逆变电路的仿真波形

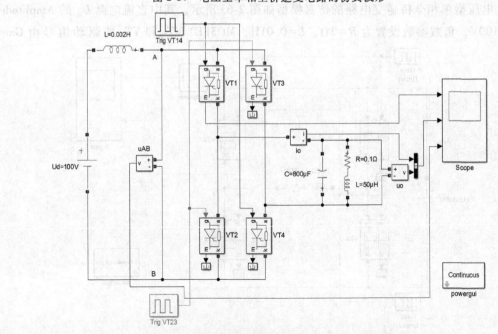

图 2-65　电流型单相并联谐振式逆变电路的仿真模型

Amplitude 设置为 100V，负载端为电容与阻感负载并联，负载参数设置分别为 $R = 0.1\Omega$、$L = 50\mu H$、$C = 800\mu F$，直流侧滤波电感 $L = 2mH$。Trig VT14 和 Trig VT23 为触发脉冲模块，工作频率为 1kHz，开关管 VT_1 和 VT_4 的驱动信号由 Trig VT14 产生，开关管 VT_2 和 VT_3 的驱动信号由 Trig VT23 产生，两组触发信号之间相差 0.5ms（对于 1kHz 即为 180°）。电流型单相并联谐振式逆变电路的仿真波形如图 2-66 所示，从上至下，第一幅图中曲线①、②分别代表开关管 VT_3 的电压 u_{VT3} 及流过 VT_3 的电流 i_{VT3}；第二幅图中曲线①、②分别代表负载两端的电压 u_o 和流过负载的电流 i_o；第三幅图中曲线代表逆变器侧的直流母线电压 u_{AB}。

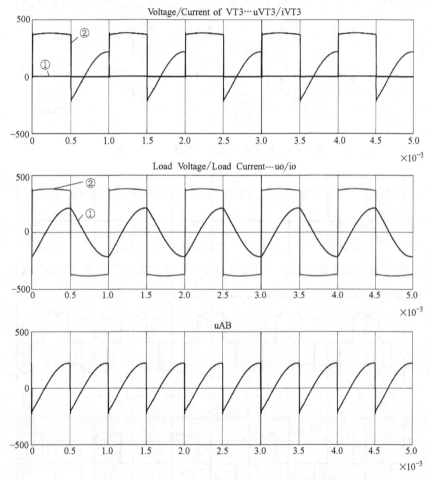

图 2-66　电流型单相并联谐振式逆变电路的仿真波形

4）电流型三相逆变电路的仿真模型如图 2-67 所示，其中直流电源 U_d 的 Amplitude 设置为 200V，负载端为三相阻感负载与电容并联，负载参数设置分别为 $R = 8\Omega$、$L = 5mH$、$C = 100\mu F$，直流侧滤波电感 $L = 20mH$。该仿真模型中的开关元件均采用全控型器件 GTO 模块，其中开关管 $GTO_1 \sim GTO_6$ 分别由 Gate Drive1 ~ Gate Drive6 触发脉冲模块产生驱动信号，对于 Gate Drive1 ~ Gate Drive6 触发脉冲的工作频率均为 50Hz，且按照驱动信号发生顺序依次相差 3.33ms（对于 50Hz 即为 60°）。电流型三相逆变电路的仿真波形如图 2-68 所示，其中曲线①代表 U 相电流 i_U，曲线②代表 V 相电流 i_V，曲线③代表 W 相电流 i_W，曲线④代表 U、V 之间的负载电压 u_{UV}。

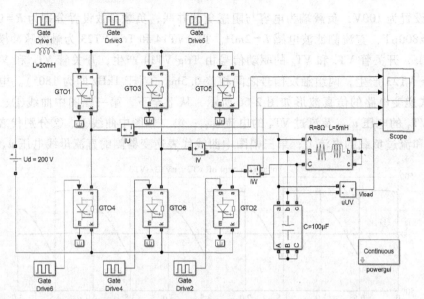

图 2-67　电流型三相逆变电路的仿真模型

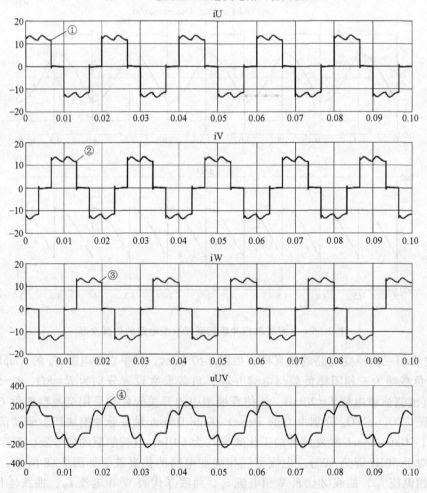

图 2-68　电流型三相逆变电路的仿真波形

[题 2.2.2]　三相桥式电压型逆变电路，180°导电方式，$U_d = 100V$。试求输出相电压的基波幅值 U_{UN1m} 和有效值 U_{UN1}、输出线电压的基波幅值 U_{UV1m} 和有效值 U_{UV1}、输出线电压中 5 次谐波的有效值 U_{UV5}。（对应主教材第 4 章习题 5）

1. 理论分析与解析

输出相电压的基波幅值为

$$U_{UN1m} = \frac{2U_d}{\pi} = 0.637U_d = 63.7V$$

输出相电压基波有效值为

$$U_{UN1} = \frac{U_{UN1m}}{\sqrt{2}} = 0.45U_d = 45V$$

输出线电压的基波幅值为

$$U_{UV1m} = \frac{2\sqrt{3}\,U_d}{\pi} = 1.1U_d = 110V$$

输出线电压的基波有效值为

$$U_{UV1} = \frac{U_{UV1m}}{\sqrt{2}} = \frac{\sqrt{6}}{\pi}U_d = 0.78U_d = 78V$$

输出线电压中 5 次谐波 u_{UV5} 的表达式为

$$u_{UV5} = \frac{2\sqrt{3}\,U_d}{5\pi}\sin5\omega t$$

其有效值为

$$U_{UV5} = \frac{2\sqrt{3}\,U_d}{5\sqrt{2\pi}} = 15.59V$$

2. 仿真分析与结果

1）打开 Simulink 仿真窗口。

2）在仿真模型库中找到直流电源模块（DC Voltage Source），IGBT 模块，三相串联 *RLC* 负载模块（Three-Phase Series RLC Branch），Pulse Generator 模块，Scope 模块等，并复制到 Simulink 仿真窗口。

3）根据题意该电路拓扑为电压型三相桥式逆变电路，按图 2-69 所示连接构成仿真模型，其中直流电源电压 U_{d1} 和 U_{d2} 均为 100V，六个 IGBT 模块构成三相逆变桥，Gate Drive1/2/3/4/5/6 六个触发脉冲环节分别驱动六个开关管，工作频率为 50Hz，驱动脉冲信号的发生顺序在相位延迟上根据编号从 1~6 依次相差 60°，Phase delay（secs）对应即为 3.33ms 的时间间隔，三相串联 *RLC* 负载模块中 $R = 10\Omega$、$L = 0.01H$，C 设置为 inf。

4）仿真波形如图 2-70 所示，曲线①、②、③分别对应输出电压 $u_{UN'}$、$u_{VN'}$、$u_{WN'}$，曲线④、⑤、⑥分别对应输出线电压 u_{VN}、电源中性点与负载中点之间的电压 $u_{NN'}$、输出相电压 u_{UN}。

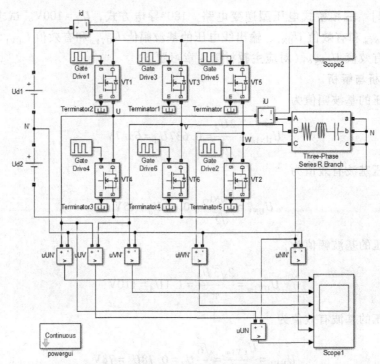

图 2-69　电压型三相逆变桥电路仿真模型

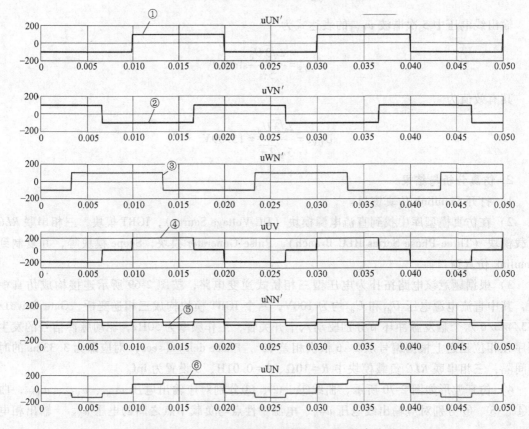

图 2-70　电压型三相逆变桥电路输出电压仿真波形

2.3 直流-直流变流电路的习题解析与仿真 ◀◀◀

[题2.3.1]　在图2-71所示的降压斩波电路中，已知 $E = 200\text{V}$，$R = 10\Omega$，L 值极大，$E_\text{m} = 50\text{V}$。采用脉宽调制方式，当 $T = 40\mu\text{s}$，$t_\text{on} = 20\mu\text{s}$，计算输出电压平均值 U_o 和输出电流平均值 I_o。（对应主教材第5章习题2）

1. 理论分析与解析

由于 L 值极大，故负载电流连续，于是输出电压平均值为

$$U_\text{o} = \frac{t_\text{on}}{T}E = \frac{20 \times 200}{40}\text{V} = 100\text{V}$$

输出电流平均值为

$$I_\text{o} = \frac{U_\text{o} - E_\text{m}}{R} = \frac{80 - 50}{10}\text{A} = 3\text{A}$$

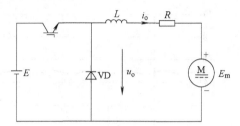

图2-71　降压斩波电路

2. 仿真分析与结果

1）打开 Simulink 仿真窗口。

2）在仿真模型库中找到直流电源（DC Voltage Source）模块，IGBT 模块，二极管（Diode）模块，Series RLC Branch 模块，Pulse Generator 模块，Scope 模块，并复制到 Simulink 仿真窗口。

3）按图2-72所示进行连接构成降压斩波电路仿真模型，根据题意设置仿真参数，其中直流电源电压 E 设置为200V，反向电动势 E_m 设置为50V；Series RLC Branch 模块选择 Branch type 为 RL，设置 $R = 10\Omega$，$L = 5e^{-3}\text{H}$；对于 IGBT 的驱动信号 Trig1，其脉冲幅度（Amplitude）设置为1V，脉冲周期（Period）设置为 $40e^{-6}\text{s}$，占空比（Duty Cycle）取50%；仿真总时长取0.1s。

4）仿真波形如图2-73所示，其中曲线①代表驱动信号 u_GE，曲线②代表输出电流 i_o，曲线③代表输出电压 u_o。

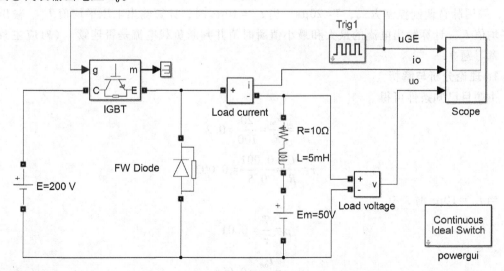

图2-72　直流降压斩波电路仿真模型

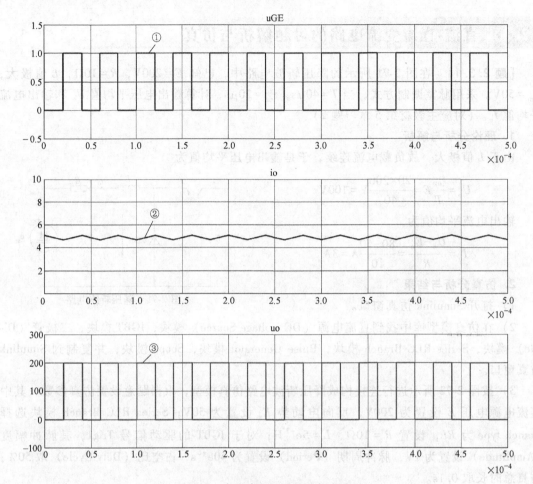

图 2-73　直流降压斩波电路仿真波形

[题 2.3.2]　在图 2-71 所示的降压斩波电路中，$E = 100V$，$L = 1mH$，$R = 0.5\Omega$，$E_m = 20V$，采用脉宽调制控制方式，$T = 20\mu s$，当 $t_{on} = 10\mu s$ 时，计算输出电压平均值 U_o、输出电流平均值 I_o，计算输出电流的最大和最小值瞬时值并判断负载电流是否连续。（对应主教材第 5 章习题 3）

1. 理论分析与解析

由题目已知条件可得

$$m = \frac{E_m}{E} = \frac{20}{100} = 0.2$$

$$\tau = \frac{L}{R} = \frac{0.001}{0.5} = 0.002$$

当 $t_{on} = 10\mu s$ 时，有

$$\rho = \frac{T}{\tau} = 0.01$$

$$\alpha\rho = \frac{t_{on}}{\tau} = 0.005$$

由于

$$\frac{e^{\alpha\rho}-1}{e^{\rho}-1}=\frac{e^{0.005}-1}{e^{0.01}-1}=0.501>m$$

所以输出电流连续。

此时输出平均电压为

$$U_o=\frac{t_{on}}{T}E=\frac{100\times10}{20}V=50V$$

输出平均电流为

$$I_o=\frac{U_o-E_m}{R}=\frac{50-20}{0.5}A=60A$$

输出电流的最大和最小值瞬时值分别为

$$I_{max}=\left(\frac{1-e^{-\alpha\rho}}{1-e^{-\rho}}-m\right)\frac{E}{R}=\left(\frac{1-e^{-0.005}}{1-e^{-0.01}}-0.2\right)\times\frac{100}{0.5}A=60.25A$$

$$I_{min}=\left(\frac{1-e^{\alpha\rho}}{1-e^{\rho}}-m\right)\frac{E}{R}=\left(\frac{1-e^{0.005}}{1-e^{0.01}}-0.2\right)\times\frac{100}{0.5}A=60.20A$$

2. 仿真分析与结果

1）［题 2.3.2］与［题 2.3.1］均为直流降压斩波电路，故在 Simulink 中搭建［题 2.3.2］的仿真模型如图 2-74 所示。

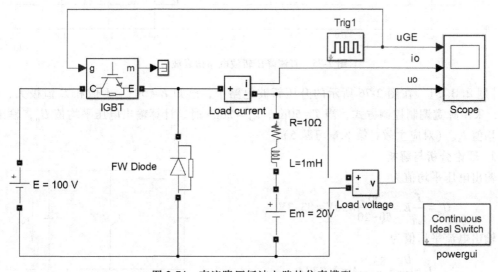

图 2-74　直流降压斩波电路的仿真模型

2）直流电源电压 E 设置为 100V，反向电动势 E_m 设置为 20V；Series RLC Branch 模块，选择 Branch type 为 RL，设置 $R=100\Omega$，$L=1e^{-3}H$；对于 IGBT 的驱动信号 Trig1，脉冲周期（Period）设置为 $20e^{-6}s$，占空比（Duty Cycle）取 50%，其脉冲幅度（Amplitude）仍取 1V，仿真总时长取 0.1s。

3）仿真波形如图 2-75 所示，其中曲线①代表驱动信号 u_{GE}，曲线②代表输出电流 i_o，曲线③代表输出电压 u_o。可通过比较图 2-73 与图 2-75，观察当驱动信号的周期及占空比发生改变时，对于输出电压和输出电流的影响。

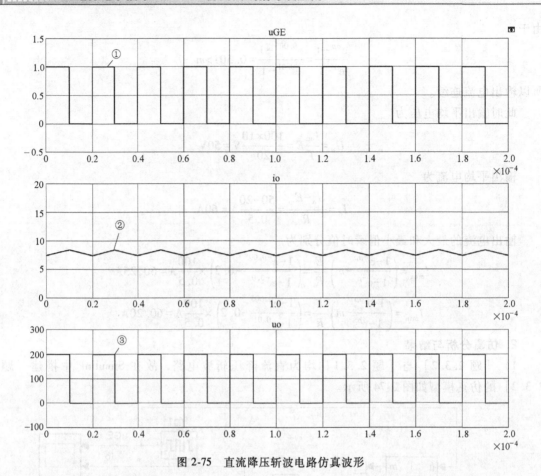

图 2-75　直流降压斩波电路仿真波形

[题 2.3.3]　在图 2-76 所示的升压斩波电路中，已知 $E = 50\text{V}$，L 值和 C 值极大，$R = 25\Omega$，采用脉宽调制控制方式，当 $T = 50\mu\text{s}$，$t_{\text{on}} = 20\mu\text{s}$ 时，计算输出电压平均值 U_{o}，输出电流平均值 I_{o}。（对应主教材第 5 章习题 5）

1. 理论分析与解析

输出电压平均值为

$$U_{\text{o}} = \frac{T}{t_{\text{off}}}E = \frac{50}{50-20}\times 50\text{V} = 83.3\text{V}$$

输出电流平均值为

$$I_{\text{o}} = \frac{U_{\text{o}}}{R} = \frac{83.3}{25}\text{A} = 3.332\text{A}$$

图 2-76　升压斩波电路

2. 仿真分析与结果

1）打开 Simulink 仿真窗口。

2）在仿真模型库中找到直流电源（DC Voltage Source）模块，IGBT 模块，二极管（Diode）模块，Parallel RLC Branch 模块，Pulse Generator 模块，Scope 模块，并复制到 Simulink 仿真窗口。

3）按图 2-77 所示进行连接，构成升压斩波电路仿真模型，根据题意设置仿真参数，其中直流电源电压 E 设置为 50V；Parallel RLC Branch 模块，选择 Branch type 为 RC，设置 $R = 25\Omega$，

滤波电容 $C=100e^{-6}F$；对于 IGBT 的驱动信号 Trig1，其脉冲幅度（Amplitude）设置为 1V，脉冲周期（Period）设置为 $50e^{-6}s$，占空比（Duty Cycle）取 40%；仿真总时长取 0.03s。

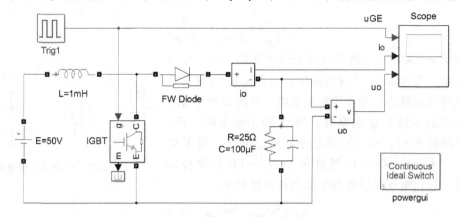

图 2-77　升压斩波电路的仿真模型

4）仿真波形如图 2-78 所示，其中曲线①代表驱动信号 u_{GE}，曲线②代表输出电流 i_o，曲线③代表输出电压 u_o。

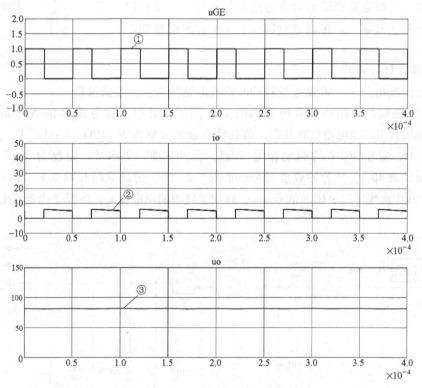

图 2-78　升压斩波电路的仿真波形

[题 2.3.4]　试分别简述升降压斩波电路和 Cuk 斩波电路的基本原理，并比较其异同点。（对应主教材第 5 章习题 6）

1. 理论分析与解析

升降压斩波电路的基本原理：当可控开关 V 处于通态时，电源 E 经 V 向电感 L 供电使其储存能量。此后，使 V 关断，电感 L 中储存的能量向负载释放。负载电压极性为上负下正，与电源电压极性相反。

$$U_{\text{o}} = \frac{t_{\text{on}}}{t_{\text{off}}}E = \frac{t_{\text{on}}}{T-t_{\text{on}}}E = \frac{\alpha}{1-\alpha}E$$

改变占空比 α，输出电压既可以比电源电压高，也可以比电源电压低。当 $0<\alpha<1/2$ 时为降压，当 $1/2<\alpha<1$ 时为升压，因此将该电路称作升降压斩波电路，如图 2-79 所示。

Cuk 斩波电路的基本原理：当 V 处于通态时，E—L_1—V 回路和 R—L_2—C—V 回路分别流过电流。当 V 处于断态时，E—L_1—C—VD 回路和 R—L_2—VD 回路分别流过电流。输出电压的极性与电源电压极性相反。

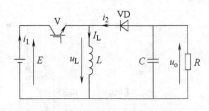

图 2-79　升降压斩波电路

$$U_{\text{o}} = \frac{t_{\text{on}}}{t_{\text{off}}}E = \frac{t_{\text{on}}}{T-t_{\text{on}}}E = \frac{\alpha}{1-\alpha}E$$

两个电路实现的功能是一致的，均可方便地实现升降压斩波。与升降压斩波电路相比，Cuk 斩波电路有一个明显的优点，其输入电源电流和输出负载电流都是连续的，没有阶跃变化，有利于对输入、输出进行滤波。Cuk 斩波电路如图 2-80 所示。

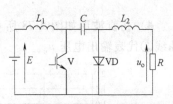

图 2-80　Cuk 斩波电路

2. 仿真分析与结果

下面分别给出升降压斩波电路和 Cuk 斩波电路的仿真模型及波形。

1）升降压斩波电路的仿真模型如图 2-81 所示，其中直流电源 E 的 Amplitude 设置为 100V，负载端为电容与电阻负载并联，负载参数设置分别为 $R=10\Omega$、$C=1e^{-3}$F，支路电感 L 设置为 $5e^{-3}$H；对于 IGBT 的驱动信号 Trig1，脉冲周期（Period）设置为 $50e^{-6}$s，占空比（Duty Cycle）取 40%，其脉冲幅度（Amplitude）取 1V，仿真总时长取 0.1s。仿真波形如图 2-82所示，其中曲线①代表驱动信号 u_{GE}，曲线②代表输出电流 i_{o}，曲线③代表输出电压 u_{o}。

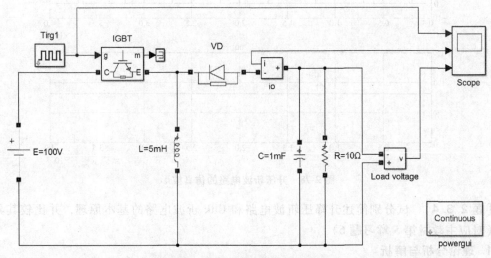

图 2-81　升降压斩波电路的仿真模型

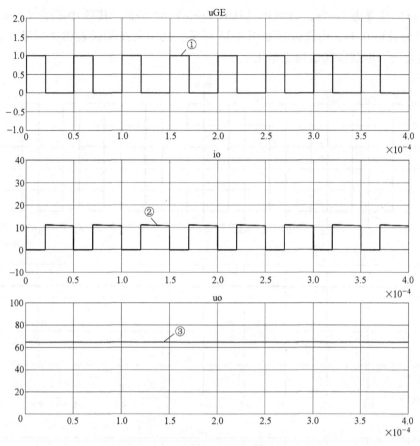

图 2-82 升降压斩波电路的仿真波形

2）Cuk 斩波电路的仿真模型如图 2-83 所示，其中直流电源 E 的 Amplitude 设置为 100V，负载端为电容与电阻负载并联，负载参数设置分别为 $R = 1\Omega$、$C_2 = 1e^{-3}F$，其余电感电容参数分别为 $L_1 = 1e^{-3}H$，$C_1 = 4.7e^{-3}F$，$L_2 = 5e^{-3}H$；对于 IGBT 的驱动信号 Trig1，脉冲

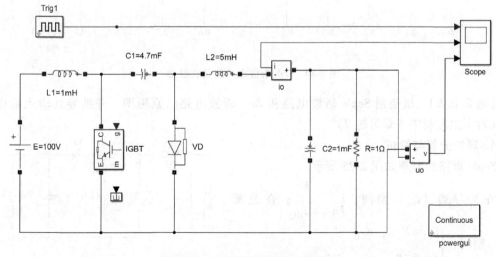

图 2-83 Cuk 斩波电路的仿真模型

周期（Period）设置为 $1e^{-4}$ s，占空比（Duty Cycle）取 40%，其脉冲幅度（Amplitude）取 1V，仿真总时长取 0.1s。仿真波形如图 2-84 所示，其中曲线①代表驱动信号 u_{GE}，曲线②代表输出电流 i_o，曲线③代表输出电压 u_o。

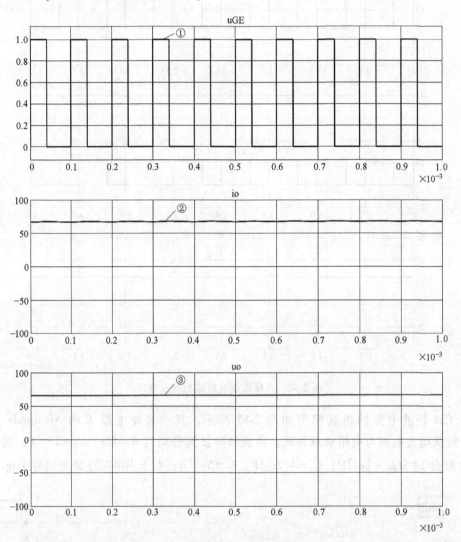

图 2-84　Cuk 斩波电路的仿真波形

[题 2.3.5]　试绘制 Sepic 斩波电路和 Zeta 斩波电路的原理图，并推导其输入输出关系。（对应主教材第 5 章习题 7）

1. 理论分析与解析

Sepic 电路的原理如图 2-85 所示。

在 V 导通（t_{on}）期间，$\begin{cases} u_{L1} = E \\ u_{L2} = u_{C1} \end{cases}$；在关断

（t_{off}）期间，$\begin{cases} u_{L1} = E - u_o - u_{C1} \\ u_{L2} = -u_o \end{cases}$。

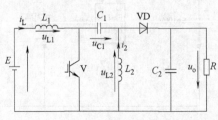

图 2-85　Sepic 电路的原理

当电路工作于稳态时，电感 L_1、L_2 的电压平均值均为零，则下面的式子成立

$$\begin{cases} Et_{on} + (E - u_o - u_{C1})t_{off} = 0 \\ u_{C1}t_{on} - u_o t_{off} = 0 \end{cases}$$

由以上两式即可得出

$$U_o = \frac{t_{on}}{t_{off}} E$$

Zeta 电路的原理如图 2-86 所示。

在 V 导通（t_{on}）期间，$\begin{cases} u_{L1} = E \\ u_{L2} = E - u_{C1} - u_o \end{cases}$；在

关断（t_{off}）期间，$\begin{cases} u_{L1} = u_{C1} \\ u_{L2} = -u_o \end{cases}$。

当电路工作于稳态时，电感 L_1、L_2 的电压平均值均为零，则下面的式子成立

图 2-86　Zeta 电路的原理

$$\begin{cases} Et_{on} + u_{C1}t_{off} = 0 \\ (E - u_o - u_{C1})t_{on} - u_o t_{off} = 0 \end{cases}$$

由以上两式即可得出

$$U_o = \frac{t_{on}}{t_{off}} E$$

2. 仿真分析与结果

下面分别给出 Sepic 斩波电路和 Zeta 斩波电路的仿真模型及波形。

1）Sepic 斩波电路的仿真模型如图 2-87 所示，其中直流电源 E 的 Amplitude 设置为 100V，负载端为电阻负载，负载参数为 $R = 5\Omega$，其余电感电容参数分别为 $L_1 = 1e^{-4}H$，$C_1 = 2e^{-5}F$，$L_2 = 1e^{-4}H$，$C_2 = 2e^{-5}F$；对于 IGBT 的驱动信号 Trig1，脉冲周期（Period）设置为 $50e^{-6}s$，占空比（Duty Cycle）取 40%，其脉冲幅度（Amplitude）取 1V，仿真总时长取 0.5s。仿真波形如图 2-88 所示，其中曲线①代表驱动信号 u_{GE}，曲线②代表输出电流 i_o，曲线③代表输出电压 u_o。

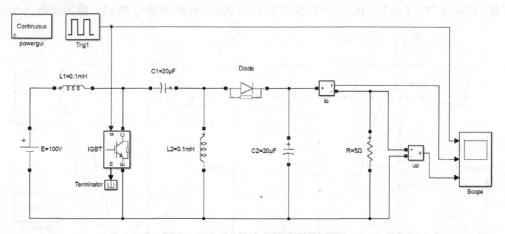

图 2-87　Sepic 斩波电路的仿真模型

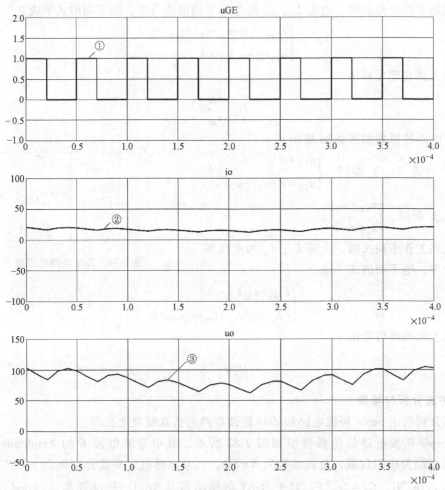

图 2-88　Sepic 斩波电路的仿真波形

2）Zeta 斩波电路的仿真模型如图 2-89 所示，其中直流电源 E 的脉冲幅度（Amplitude）设置为 100V，负载端为电阻负载，负载参数为 $R = 0.1\Omega$，其余电感电容参数分别为 $L_1 = 1e^{-4}H$，$C_1 = 2e^{-5}F$，$L_2 = 1e^{-4}H$，$C_2 = 2.2e^{-3}F$；对于 IGBT 的驱动信号 Trig1，脉冲周期（Period）

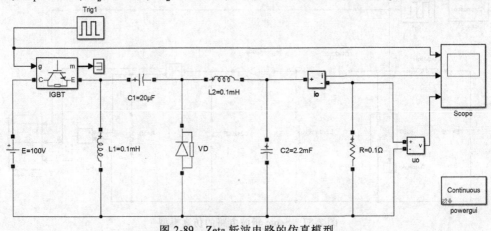

图 2-89　Zeta 斩波电路的仿真模型

设置为 $50e^{-6}s$，占空比（Duty Cycle）取 40%，其脉冲幅度（Amplitude）取 1V，仿真总时长取 0.15s。仿真波形如图 2-90 所示，其中曲线①代表驱动信号 u_{GE}，曲线②代表输出电流 i_o，曲线③代表输出电压 u_o。

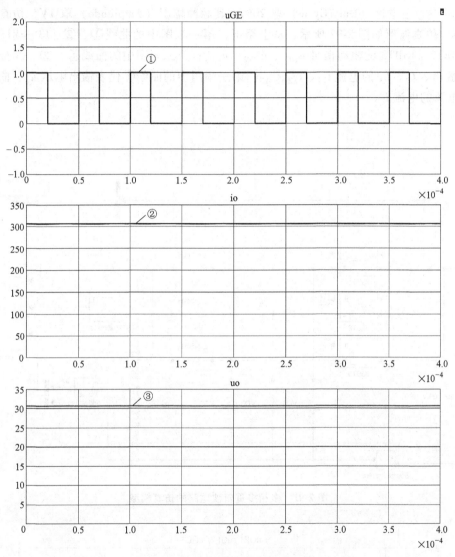

图 2-90 Zeta 斩波电路的仿真波形

[题 2.3.6] 多相多重斩波电路有何优点？（对应主教材第 5 章习题 10）

1. 理论分析与解析

多相多重斩波电路因在电源与负载间接入了多个结构相同的基本斩波电路，使得输入电源电流和输出负载电流的脉动次数增加、脉动幅度减小，对输入和输出电流滤波更容易，滤波电感减小。此外，多相多重斩波电路还具有备用功能，各斩波单元之间互为备用，万一某一斩波单元发生故障，其余各单元可以继续运行，使得总体可靠性提高。

2. 仿真分析与结果

多相多重斩波电路的仿真模型如图 2-91 所示，其可以看作由三个降压斩波电路构成，

其中直流电源 E 的脉冲幅度（Amplitude）设置为 200V，负载端为电阻负载，负载参数为 $R = 10\Omega$，滤波电感的参数为 $L_1 = L_2 = L_3 = 5e^{-3}H$，$C_1 = 2e^{-5}F$，$L_2 = 1e^{-4}H$，$C_2 = 2.2e^{-3}F$；对于 IGBT1、IGBT2、IGBT3 的驱动信号 Trig1、Trig2、Trig3 参数均一致，脉冲周期（Period）设置为 $1e^{-3}s$，占空比（Duty Cycle）取 20%，其脉冲幅度（Amplitude）取 1V，仿真总时长取 0.03s。仿真波形如图 2-92 所示，从上至下，第一幅图中的曲线①、②、③分别代表 IGBT1、IGBT2、IGBT3 的驱动信号 u_{GE1}、u_{GE2}、u_{GE3}；第二幅图中的曲线①、②、③分别代表流过电感 L_1、L_2、L_3 的电流 i_{L1}、i_{L2}、i_{L3}；第三幅图中的曲线①代表输出电压 u_o，曲线②代表流经电源的电流 i_s。

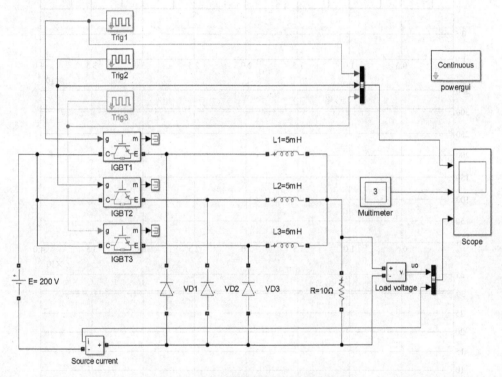

图 2-91 多相多重斩波电路的仿真模型

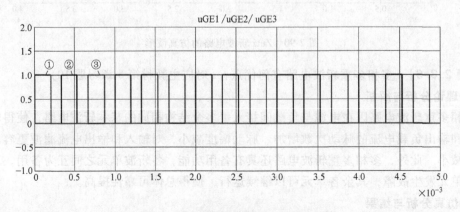

图 2-92 多相多重斩波电路的仿真波形

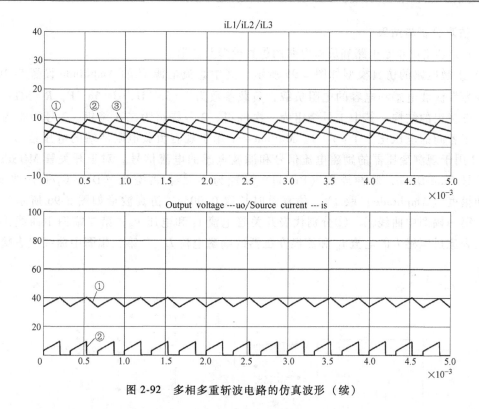

图 2-92　多相多重斩波电路的仿真波形（续）

[题2.3.7]　试分析正激电路和反激电路中的开关和整流二极管在工作时承受的最大电压、最大电流和平均电流。（对应主教材第5章习题11）

1. 理论分析与解析

（1）正激电路

正激电路如图 2-93 所示，其中的开关和整流二极管在工作时承受的最大电压、最大电流和平均电流见表 2-1。

（2）反激电路

反激电路如图 2-94 所示，其中的开关和整流二极管在工作时承受的最大电压、最大电流和平均电流见表 2-2。

表 2-1　正激电路

	最大电压	最大电流	平均电流
开关 S	$\left(1+\dfrac{N_1}{N_3}\right)U_i$	$\dfrac{N_2}{N_1}I_d$	$\dfrac{DN_2}{N_1}I_d$
整流二极管	$\dfrac{N_2}{N_3}U_i$	I_d	DI_d

表 2-2　反激电路

	最大电压	最大电流	平均电流
开关 S	$U_i+\dfrac{N_1}{N_2}U_o$	$\dfrac{N_2}{N_1}I_d$	$(1-D)\dfrac{N_2}{N_1}I_d$
整流二极管	$\dfrac{N_2}{N_1}U_i+U_o$	I_d	$(1-D)I_d$

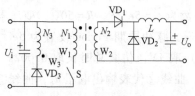

图 2-93　正激电路

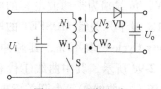

图 2-94　反激电路

2. 仿真分析与结果

下面分别给出正激电路和反激电路的仿真模型及波形。

1）正激电路的仿真模型如图 2-95 所示，其中直流电源 U_i 的 Amplitude 设置为 100V，负载端为带滤波电感和电容的电阻负载，负载参数为 $L = 5e^{-4}H$，$C = 5e^{-5}F$，$R = 5\Omega$；变压器选择三绕组的结构，其中 1 号绕组为一次绕组，2 号绕组为二次绕组，3 号绕组为复位绕组，三者间的电压比为 1∶1∶1。Multimeter1 用于观测负载电阻两端的电压信号，Multimeter2 用于观测变压器的励磁电流信号和滤波电感的电流信号。对于开关管 MOSFET 的驱动信号 Gate Drive，脉冲周期（Period）设置为 $5e^{-5}s$，占空比（Duty Cycle）取 50%，其脉冲幅度（Amplitude）取 1V，仿真总时长取 0.005s。仿真波形如图 2-96 所示，从上至下，第一幅图中曲线①、②分别代表开关管电流 i_S 和电压 u_S；第二幅图中曲线①、②分别代表流过电感 L 的电流 i_L 和流经变压器的励磁电流 I_{mag}；第三幅图中曲线代表输出电压 u_o。

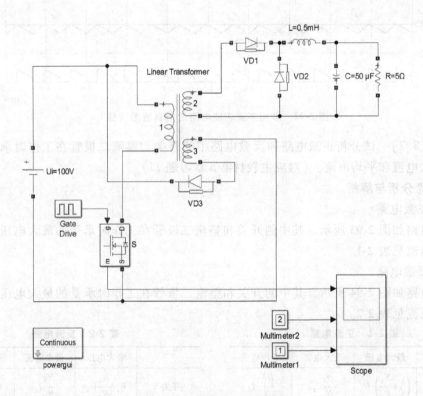

图 2-95　正激电路的仿真模型

2）反激电路的仿真模型如图 2-97 所示，其中直流电源 U_i 的脉冲幅度（Amplitude）设置为 100V，负载端为带滤波电容的电阻负载，负载参数为 $C = 5e^{-5}F$，$R = 50\Omega$；变压器电压比为 1∶1。对于开关管 MOSFET 的驱动信号 Gate Drive，脉冲周期 Period 设置为 $5e^{-5}s$，占空比（Duty Cycle）取 40%，其脉冲幅度（Amplitude）取 1V，仿真总时长取 0.002s。仿真波形如图 2-98 所示，其中曲线①代表二极管电流 i_{VD}，曲线②代表输出电压 u_o，曲线③代表开关管电流 i_S，曲线④代表开关管电压 u_S。

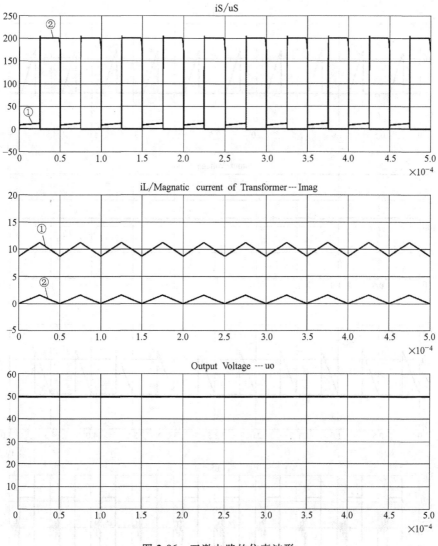

图 2-96 正激电路的仿真波形

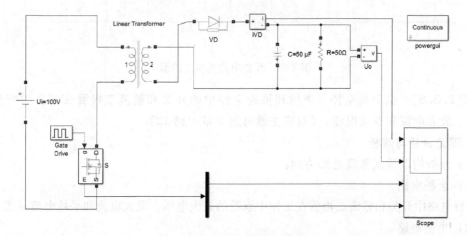

图 2-97 反激电路的仿真模型

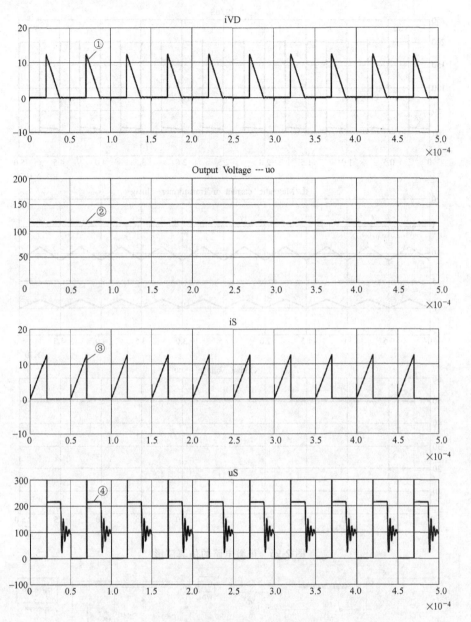

图 2-98　反激电路的仿真波形

[题 2.3.8]　试分析全桥、半桥和推挽电路中的开关和整流二极管在工作中承受的最大电压、最大电流和平均电流。(对应主教材第 5 章习题 12)

1. 理论分析与解析

以下分析均以桥式整流电路为例。

(1) 全桥电路

全桥电路中开关和整流二极管在工作中承受的最大电压、最大电流和平均电流见表 2-3。

(2) 半桥电路

半桥电路中开关和整流二极管在工作中承受的最大电压、最大电流和平均电流见表 2-4。

表 2-3 全桥电路

	最大电压	最大电流	平均电流
开关 S	U_i	$\dfrac{N_2}{N_1}I_d$	$\dfrac{N_2}{2N_1}I_d$
整流二极管	$\dfrac{N_2}{N_1}U_i$	I_d	$\dfrac{1}{2}I_d$

表 2-4 半桥电路

	最大电压	最大电流	平均电流
开关 S	U_i	$\dfrac{N_2}{N_1}I_d$	$\dfrac{N_2}{2N_1}I_d$
整流二极管	$\dfrac{N_2}{2N_1}U_i$	I_d	$\dfrac{1}{2}I_d$

（3）推挽电路

推挽电路（变压器一次侧总匝数为 $2N_1$）中开关和整流二极管在工作中承受的最大电压、最大电流和平均电流见表 2-5。

表 2-5 推挽电路

	最大电压	最大电流	平均电流
开关 S	$2U_i$	$\dfrac{N_2}{N_1}I_d$	$\dfrac{N_2}{2N_1}I_d$
整流二极管	$\dfrac{N_2}{N_1}U_i$	I_d	$\dfrac{1}{2}I_d$

2. 仿真分析与结果

下面分别给出全桥电路、半桥电路和推挽电路的仿真模型及波形。

1）全桥电路的仿真模型如图 2-99 所示，其由四个 MOSFET 管和四个二极管构成，其中直流电源 U_i 的脉冲幅度（Amplitude）设置为 100V，负载端为带滤波电感和电容的电阻负载，负载参数为 $L=1e^{-4}$H，$C=2e^{-5}$F，$R=5\Omega$；变压器电压变比为 1∶0.5。驱动信号分别由 Gate Drive1、Gate Drive2 两个触发脉冲环节分别对开关管 S_1、S_4 和开关管 S_2、S_3 进行驱动。脉冲触发 Gate Drive1、Gate Drive2 模块中，脉冲幅度（Amplitude）设置为 1V，脉冲周期（Period）设置为 $50e^{-6}$s，占空比（Duty Cycle）取 40%，其脉冲幅度（Amplitude）取 1V。同时对于脉冲触发 Gate Drive1、Gate Drive2 模块的相位延迟（Phase Delay）分别设置为 0s、$25e^{-6}$s，即 Gate Drive1、Gate Drive2 产生的触发脉冲使得 S_1、S_4 开关管和 S_2、S_3 开关管分别处于正负半周对应导通，触发延迟角相位上相差 180°。仿真总时长取 0.005s。仿真波形如图 2-100 所示，其中曲线①代表代表触发脉冲 Gate Drive1 的信号，曲线②代表开关管 S_1 电流 i_{S1}，曲线③代表开关管 S_1 电压 u_{S1}，曲线④代表流过滤波电感的电流 i_L，曲线⑤代表二极管 VD_1 电流 i_{VD1}。

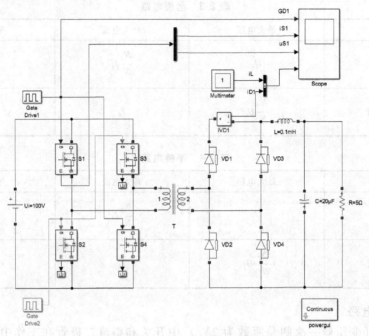

图 2-99　全桥电路的仿真模型

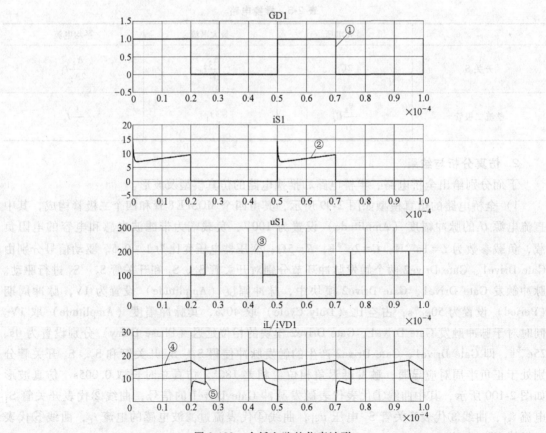

图 2-100　全桥电路的仿真波形

2）半桥电路的仿真模型如图 2-101 所示，由两个 MOSFET 管和两个二极管构成，其中直流电源 U_{i1} 和 U_{i2} 的脉冲幅度（Amplitude）均设置为 100V，负载端为带滤波电感和电容的电阻负载，负载参数为 $L=1e^{-4}$H，$C=2e^{-7}$F，$R=5\Omega$；变压器电压比为 1∶0.5∶0.5。驱动信号由 Gate Drive1、Gate Drive 2 两个触发脉冲环节分别对 S_1、S_2 开关管进行驱动。脉冲触发 Gate Drive1、Gate Drive2 模块中，脉冲幅度（Amplitude）设置为 1V，脉冲周期 Period 设置为 $50e^{-6}$s，占空比（Duty Cycle）取 40%，其脉冲幅度（Amplitude）取 1V。同时对于脉冲触发 Gate Drive1、Gate Drive2 模块的相位延迟（Phase Delay）分别设置为 0s、$25e^{-6}$s，即 Gate Drive1、Gate Drive2 产生的触发脉冲使得 S_1、S_2 开关管分别处于正负半周对应导通，触发延迟角相位上相差 180°。仿真总时长取 0.002s。仿真波形如图 2-102 所示，其中曲线①代表触发脉冲 Gate Drive1 的信号，曲线②代表开关管 S_1 电流 i_{S1}，曲线③代表开关管 S_1 电压 u_{S1}，曲线④代表二极管 VD_1 电流 i_{VD1}。

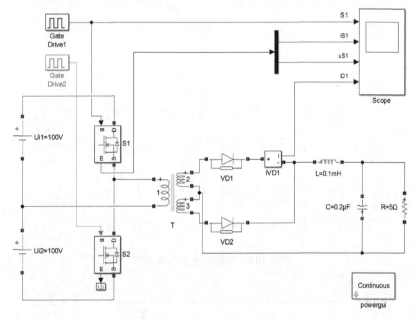

图 2-101　半桥电路的仿真模型

3）推挽电路的仿真模型如图 2-103 所示，与半桥电路类似，也由两个 MOSFET 管和两个二极管构成，其中直流电源 U_i 的脉冲幅度（Amplitude）设置为 100V，负载端为带滤波电感和电容的电阻负载，负载参数为 $L=1e^{-4}$H，$C=2e^{-7}$F，$R=5\Omega$；变压器采用多相变压器，一次侧和二次侧均含两个绕组，变压器电压比为 1∶1∶1∶1。驱动信号分别由 Gate Drive1、Gate Drive2 两个触发脉冲环节分别对 S_1、S_2 开关管进行驱动。脉冲触发 Gate Drive1、Gate Drive2 模块中，脉冲幅度（Amplitude）设置为 1V，脉冲周期（Period）设置为 $50e^{-6}$s，占空比（Duty Cycle）取 40%，其脉冲幅度（Amplitude）取 1V，同时对于脉冲触发 Gate Drive1、Gate Drive2 模块的相位延迟（Phase Delay）分别设置为 0s、$25e^{-6}$s，即 Gate Drive1、Gate Drive2 产生的触发脉冲使得 S_1、S_2 开关管分别处于正负半周对应导通，触发延迟角相位上相差 180°。仿真总时长取 0.002s。仿真波形如图 2-104 所示，其中曲线①代表触发脉冲 Gate Drive1 的信号，曲线②代表开关管 S_1 电流 i_{S1}，曲线③代表开关管 S_1 电压 u_{S1}，曲线④代表二极管 VD_1 电流 i_{VD1}。

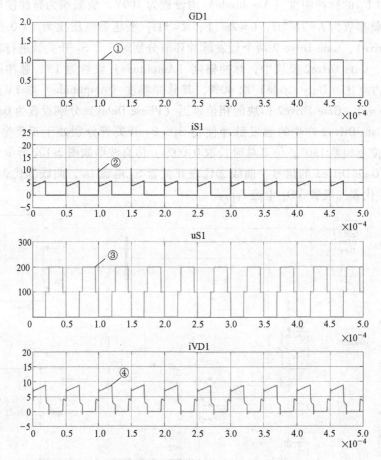

图 2-102　半桥电路的仿真波形

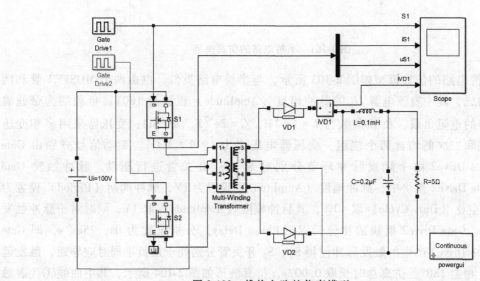

图 2-103　推挽电路的仿真模型

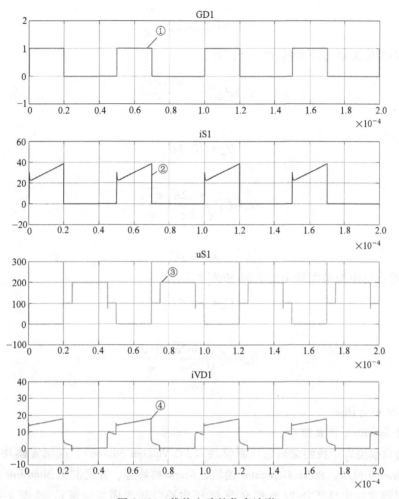

图 2-104　推挽电路的仿真波形

2.4　交流-交流变流电路的习题解析与仿真　◄◄◄

[题 2.4.1]　　一调光台灯由单相交流调压电路供电，设该台灯可看作电阻负载，在 $\alpha = 0$ 时输出功率为最大值，试求功率为最大输出功率的 80%、50% 时的触发延迟角 α。（对应主教材第 6 章习题 1）

1. 理论分析与解析

$\alpha = 0$ 时的输出电压最大，为

$$U_{\text{omax}} = \sqrt{\frac{1}{\pi}\int_0^\pi (\sqrt{2}\,U_1\sin\omega t)^2\,\mathrm{d}\omega t} = U_1$$

此时负载电流最大，为

$$I_{\text{omax}} = \frac{U_{\text{omax}}}{R} = \frac{U_1}{R}$$

因此最大输出功率为

$$P_{max} = U_{omax} I_{omax} = \frac{U_1^2}{R}$$

输出功率为最大输出功率的80%时，有

$$P = 0.8 P_{omax} = \frac{(\sqrt{0.8} U_1)^2}{R}$$

此时

$$U_o = \sqrt{0.8} U_1$$

又由

$$U_o = U_1 \sqrt{\frac{\sin 2\alpha}{2\pi} + \frac{\pi - \alpha}{\pi}}$$

解得

$$\alpha = 60.54°$$

同理，输出功率为最大输出功率的50%时，有

$$U_o = \sqrt{0.5} U_1$$

又由

$$U_o = U_1 \sqrt{\frac{\sin 2\alpha}{2\pi} + \frac{\pi - \alpha}{\pi}}$$

解得 $\alpha = 90°$

2. 仿真分析与结果

1）打开 Simulink 仿真窗口。

2）在仿真模型库中找到交流电压源模块（AC Voltage Source），晶闸管模块（Thyristor），Series RLC Branch 模块，Pulse Generator 模块，Scope 模块等，并复制到 Simulink 仿真窗口。

3）根据题意该电路拓扑为单相交流调压电路（带电阻性负载），按图 2-105 所示连接

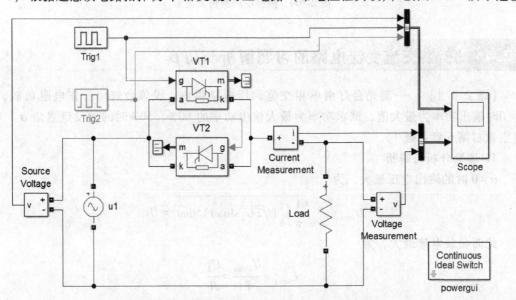

图 2-105 带电阻负载的单相交流调压电路仿真模型

构成仿真模型，其中 AC Voltage Source 模块设置 Peak Amplitude 为 100V；VT$_1$ 和 VT$_2$ 两个晶闸管的驱动信号分别由 Trig1 和 Trig2 提供，Trig1 和 Trig2 的脉冲幅度（Amplitude）设置为 10V，脉冲周期（Period）与输入电源周期保持一致，取 0.02s，且 Trig1 与 Trig2 之间的相位延迟（时间延迟）设置为相差 10ms（即频率为 50Hz 时对应的 180°）；Series RLC Branch 模块选择 Branch type 为 R，负载 R 取 5Ω，仿真时间设置为 0.1s。

4）当触发延迟角 α = 60.54° 时，即设置 Trig1 的 Phase delay 为 3.4ms，Trig2 的 Phase delay 为 13.4ms 时，图 2-106 为 α = 60.54° 带电阻负载的单相交流调压电路仿真波形，从上至下，第一幅图中曲线①代表交流电源电压，曲线②、③分别代表触发脉冲 Trig1、Trig2；第二幅图中曲线①代表输出电压，曲线②代表输出电流。

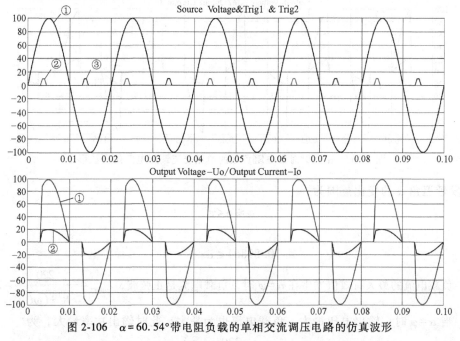

图 2-106　α = 60.54° 带电阻负载的单相交流调压电路的仿真波形

5）当触发延迟角 α = 90° 时，即设置 Trig1 的 Phase delay 为 5.0ms，Trig2 的 Phase delay 为 15.0ms 时，图 2-107 为 α = 90° 带电阻负载的单相交流调压电路仿真波形，从上至下，第一幅图中曲线①代表交流电源电压，曲线②、③分别代表触发脉冲 Trig1、Trig2；第二幅图中曲线①代表输出电压，曲线②代表输出电流。

6）比较图 2-106 和图 2-107 可以看出，当输入交流电压及触发脉冲保持不变时，随着触发延迟角 α 的增加，输出电压和电流的波形逐渐变窄并变得尖锐。

[题 2.4.2]　一单相交流调压器，电源为工频 220V，阻感串联作为负载，其中 R = 0.5Ω，L = 2mH。试求：①触发延迟角 α 的变化范围；②负载电流的最大有效值；③最大输出功率及此时电源侧的功率因数；④当 α = π/2 时，晶闸管电流有效值、晶闸管导通角和电源侧功率因数。（对应主教材第 6 章习题 2）

1. 理论分析与解析

1）负载阻抗角为

$$\varphi = \arctan\left(\frac{\omega L}{R}\right) = \arctan\left(\frac{2\pi \times 50 \times 2 \times 10^{-3}}{0.5}\right) = 51.49°$$

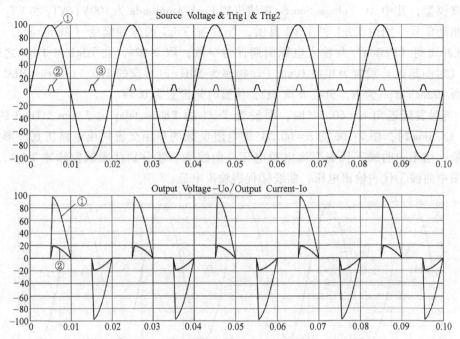

图 2-107　α=90°时带电阻负载的单相交流调压电路仿真波形

触发延迟角 α 的变化范围为

$$\varphi \leqslant \alpha < \pi$$

即

$$0.89864 \leqslant \alpha < \pi$$

2）负载电流的最大有效值发生在 α=φ 时，负载电流是正弦波，$I_{omax} = \dfrac{220}{\sqrt{R^2+(\omega L)^2}} = 273.98\text{A}$

3）当 α=φ 时，输出电压最大，负载电流也为最大，此时输出功率最大，为

$$P_{omax} = I_{omax}^2 R = \left(\frac{220}{\sqrt{R^2+(\omega L)^2}}\right)^2 R = 37.532\text{kW}$$

功率因数为

$$\lambda = \frac{P_{omax}}{U_1 I_o} = \frac{37532}{220 \times 273.98} = 0.6227$$

实际上，此时的功率因数也就是负载阻抗角的余弦，即

$$\cos\varphi = 0.6227$$

4）α=π/2 时，先计算晶闸管的导通角，由主教材中式（6-7）得

$$\sin\left(\frac{\pi}{2}+\theta-0.89864\right) = \sin\left(\frac{\pi}{2}-0.89864\right)e^{\frac{-\theta}{\tan\varphi}}$$

解上式可得晶闸管导通角为

$$\theta = 2.375 = 136.1°$$

也可由主教材中图 6-3 估计出 θ 的值。

此时，晶闸管电流有效值为

$$I_{VT} = \frac{U_1}{\sqrt{2\pi}Z}\sqrt{\theta - \frac{\sin\theta\cos(2\alpha+\varphi+\theta)}{\cos\varphi}}$$

$$= \frac{220}{\sqrt{2\pi}\times 0.803}\times\sqrt{2.375 - \frac{\sin2.375\times\cos(\pi+0.89864+2.375)}{\cos0.89864}}A = 123.2A$$

电源侧功率因数为

$$\lambda = \frac{I_o^2 R}{U_1 I_o}$$

其中

$$I_o = \sqrt{2}I_{VT} = 174.2A$$

于是可得出

$$\lambda = \frac{I_o^2 R}{U_1 I_o} = \frac{174.2^2\times 0.5}{220\times 174.2} = 0.3959$$

2. 仿真分析与结果

1) ［题 2.4.2］与［题 2.4.1］类似，均为单相交流调压电路，所不同的是其负载由电阻负载改变为阻感负载，故在 Simulink 中搭建仿真模型如图 2-108 所示。

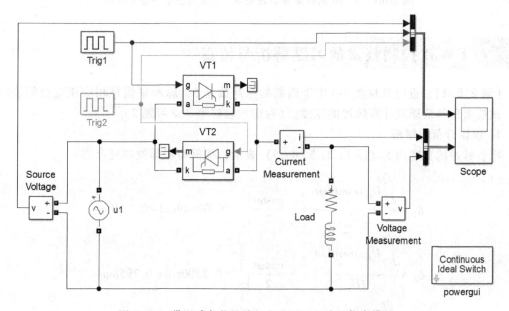

图 2-108 带阻感负载的单相交流调压电路的仿真模型

2) 根据题意该电路拓扑中交流电源模块设置 Peak Amplitude 为 220V；VT_1 和 VT_2 两个晶闸管的驱动信号分别由 Trig1 和 Trig2 提供，Trig1 和 Trig2 的参数设置与［题 2.4.1］中保持一致；所带负载参数为 $R = 0.5\Omega$、$L = 2e^{-3}H$，仿真时间设置为 0.1s。

3) 当触发延迟角 $\alpha = 90°$ 时，设置 Trig1 的 Phase delay 为 5.0ms，Trig2 的 Phase delay 为 15.0ms。图 2-109 为 $\alpha = 90°$ 带阻感负载的单相交流调压电路仿真波形，从上至下，第一幅图中曲线①代表交流电源电压，曲线②、③分别代表触发脉冲 Trig1、Trig2；第二幅图中曲线①代表输出电压，曲线②代表输出电流。

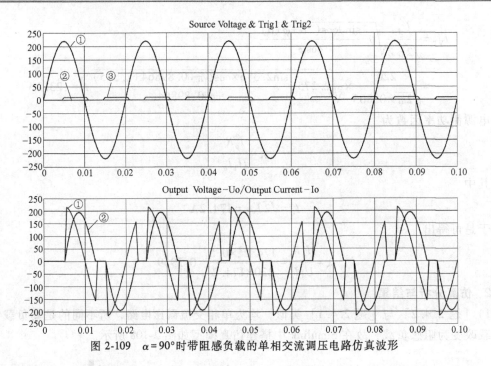

图 2-109 $\alpha=90°$ 时带阻感负载的单相交流调压电路仿真波形

2.5 PWM 控制技术的习题解析与仿真 ◀◀◀

[题 2.5.1] 设主教材图 7-3 中半周期的脉冲数是 5，脉冲幅值是相应正弦波幅值的 2 倍，试按面积等效原理计算脉冲的宽度。（对应主教材第 7 章习题 2）

1. 理论分析与解析

将各脉冲的宽度用 δ_i（$i=1, 2, 3, 4, 5$）表示，根据面积等效原理可得

$$\delta_1 = \frac{\int_0^{\frac{\pi}{5}} U_{\mathrm{m}}\sin\omega t\mathrm{d}\omega t}{2U_{\mathrm{m}}} = -\left.\frac{\cos\omega t}{2}\right|_0^{\frac{\pi}{5}} = 0.09549\mathrm{rad} = 0.3040\mathrm{ms}$$

$$\delta_2 = \frac{\int_{\frac{\pi}{5}}^{\frac{2\pi}{5}} U_{\mathrm{m}}\sin\omega t\mathrm{d}\omega t}{2U_{\mathrm{m}}} = -\left.\frac{\cos\omega t}{2}\right|_{\frac{\pi}{5}}^{\frac{2\pi}{5}} = 0.2500\mathrm{rad} = 0.7958\mathrm{ms}$$

$$\delta_3 = \frac{\int_{\frac{2\pi}{5}}^{\frac{3\pi}{5}} U_{\mathrm{m}}\sin\omega t\mathrm{d}\omega t}{2U_{\mathrm{m}}} = -\left.\frac{\cos\omega t}{2}\right|_{\frac{2\pi}{5}}^{\frac{3\pi}{5}} = 0.3090\mathrm{rad} = 0.9836\mathrm{ms}$$

$$\delta_4 = \frac{\int_{\frac{3\pi}{5}}^{\frac{4\pi}{5}} U_{\mathrm{m}}\sin\omega t\mathrm{d}\omega t}{2U_{\mathrm{m}}} = \delta_2 = 0.2500\mathrm{rad} = 0.7958\mathrm{ms}$$

$$\delta_5 = \frac{\int_{\frac{4\pi}{5}}^{\pi} U_{\mathrm{m}}\sin\omega t\mathrm{d}\omega t}{2U_{\mathrm{m}}} = \delta_1 = 0.0955\mathrm{rad} = 0.3040\mathrm{ms}$$

2. 仿真分析与结果

　　根据题意连接构成的仿真模型如图 2-110 所示。仿真参数结合计算结果进行设置，其中 Repeating Sequence 根据脉冲宽度计算结果计算出相应切换时间点，切换有效值分别为 0 和 2；Sine Wave 模块，参数设置为输出幅值为 1、频率为 50Hz 的正弦信号；设置仿真时长

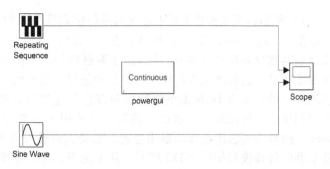

图 2-110　PWM 波代替正弦波的仿真模型

为 0.02s；运行仿真，观察示波器波形。仿真波形如图 2-111 所示，曲线①代表与正弦信号等效的脉冲序列 Pulse，曲线②代表正弦信号 Sine。

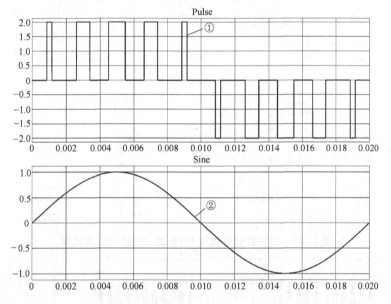

图 2-111　PWM 波代替正弦波的仿真波形

　　[题 2.5.2]　单极性和双极性 PWM 调制有什么区别？在三相桥式 PWM 逆变电路中，输出相电压（输出端相对于直流电源中点的电压）和线电压 SPWM 波形各有几种电平？（对应主教材第 7 章习题 3）

1. 理论分析与解析

　　三角波载波在信号波正半周或负半周里只有单一的极性，所得的 PWM 波形在半个周期中也只在单极性范围内变化，称为单极性 PWM 控制方式。

　　三角波载波始终是有正有负为双极性的，所得的 PWM 波形在半个周期中有正有负，则称为双极性 PWM 控制方式。

　　三相桥式 PWM 型逆变电路中，输出相电压有两种电平：$0.5U_d$ 和 $-0.5U_d$；输出线电压有三种电平：U_d、0、$-U_d$。

2. 仿真分析与结果

　　下面分别给出单相桥式单极性 PWM 逆变电路，单相桥式双极性 PWM 逆变电路和三相桥式双极性 PWM 逆变电路的仿真模型和仿真波形。

1）单相桥式单极性 PWM 逆变电路的仿真模型如图 2-112 所示，其中直流电源 U_d 的脉冲幅值（Amplitude）设置为 100V，负载端为阻感负载，其参数设置为 $R=1\Omega$，$L=1e^{-2}H$。控制电路部分采用 Sine Wave 模块产生调制信号，工作频率为 50Hz，其中的一路调制信号通过与零电平比较后产生 VT_1 和 VT_2 的驱动信号，另外的一路调制信号通过与 Triangular Wave 模块产生的频率为 1kHz 的单极性三角波信号比较后，产生 VT_3 和 VT_4 的驱动信号。为了产生与调制信号极性保持一致的三角波，可采用 Sign 模块将信号波的极性检出并相乘；Multimeter 测量的为输出电压和输出电流，总仿真时长设置为 0.08s。单相桥式单极性 PWM 逆变电路的仿真波形如图 2-113 所示，从上至下，第一幅图中曲线①代表载波信号，曲线②代表调制信号；第二幅图中曲线①代表输出电压，曲线②代表输出电流。

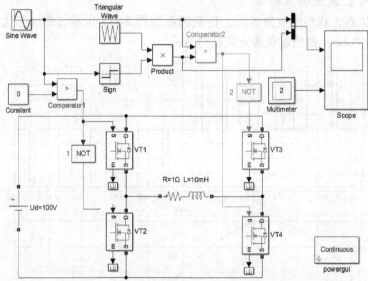

图 2-112　单相桥式单极性 PWM 逆变电路的仿真模型

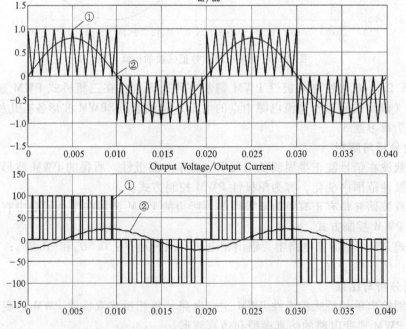

图 2-113　单相桥式单极性 PWM 逆变电路的仿真波形

2）单相桥式双极性 PWM 逆变电路的仿真模型如图 2-114 所示，其主电路部分与单极性调制 PWM 逆变电路的参数类似，直流电源 U_d 的脉冲幅值（Amplitude）设置为 100V，负载端为阻感负载，其参数设置为 $R = 1\Omega$，$L = 1e^{-2}$H。控制电路部分采用 Sine Wave 模块产生调制信号，工作频率为 50Hz，其调制信号通过与 Triangular Wave 模块产生的频率为 1kHz 的双极性三角波信号比较后，一路为 VT$_1$ 和 VT$_4$ 的驱动信号，另一路经反相后产生 VT$_2$ 和 VT$_3$ 的驱动信号。Multimeter 测量的为输出电压和输出电流，总仿真时长设置为 0.03s。单相桥式双极性调制 PWM 逆变电路的仿真波形如图 2-115 所示，第一幅图中曲线①代表载波信号，曲线②代表调制信号；第二幅图中曲线①代表输出电压，曲线②代表输出电流。

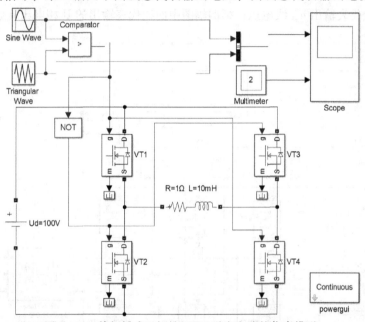

图 2-114 单相桥式双极性 PWM 逆变电路的仿真模型

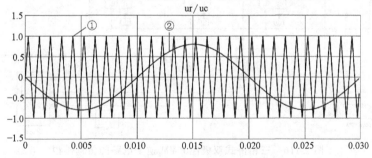

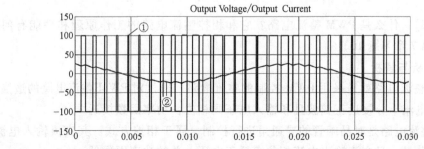

图 2-115 单相桥式双极性 PWM 逆变电路的仿真波形

3）三相桥式双极性 PWM 逆变电路的仿真模型如图 2-116 所示，其中直流电源 U_{d1} 和 U_{d2} 的脉冲幅度（Amplitude）均设置为 100V，主电路由六个 MOSFET 开关管构成桥式逆变电路并与负载端的三相阻感负载连接，负载参数设置为 $R=1\Omega$、$L=5e^{-3}\mathrm{H}$。控制电路部分采用三个 Sine Wave 模块产生三相正弦调制信号，工作频率为 50Hz，其调制信号通过与 Triangular Wave 模块产生的频率为 1kHz 的双极性三角波信号比较后，产生三路分别为 VT_1、VT_3、VT_5 的驱动信号，另外三路经反相后产生 VT_2、VT_4、VT_6 的驱动信号。总仿真时长设置为 0.03s。三相桥式双极性 PWM 逆变电路的仿真波形如图 2-117 所示，从上至下，第一幅图中曲线①代表载波信号，曲线②、③、④分别代表 W、V、U 相的调制信号；第二幅图中曲线代表输出电压 $u_{uN'}$；第三幅图中曲线代表输出 u_{uV} 线电压；第四幅图中曲线代表输出的 U 相电压 u_{uN}。

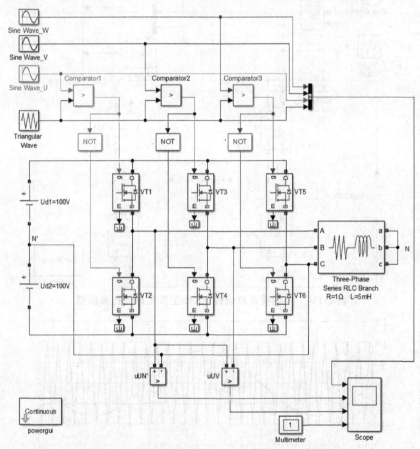

图 2-116　三相桥式双极性 PWM 逆变电路的仿真模型

[题 2.5.3]　什么是 PWM 整流电路？它和相控整流电路的工作原理和性能有何不同？（对应主教材第 7 章习题 10）

1. 理论分析与解析

1）PWM 整流电路就是采用 PWM 控制的整流电路，通过对 PWM 整流电路的适当控制，可以使其输入电流十分接近正弦波且和输入电压同相位，功率因数接近 1。

2）相控整流电路是对晶闸管的导通角进行控制，属于相控方式。其交流输入电流中含有较大的谐波分量，且交流输入电流相位滞后于电压，总的功率因数低。

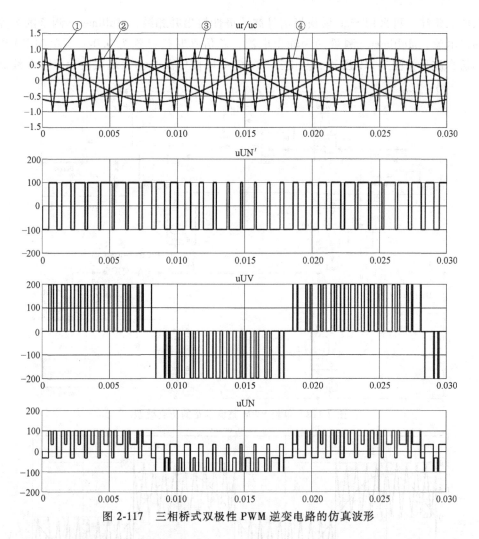

图 2-117 三相桥式双极性 PWM 逆变电路的仿真波形

PWM 整流电路采用 SPWM 控制技术，为斩控方式。其基本工作方式为整流，此时输入电流可以和电压同相位，功率因数近似为 1。

PWM 整流电路可以实现能量正反两个方向的流动，既可以运行在整流状态，从交流侧向直流侧输送能量，也可以运行在逆变状态，从直流侧向交流侧输送能量。而且，这两种方式都可以在单位功率因数下运行。

此外，还可以使交流电流超前电压 90°，交流电源送出无功功率，成为静止无功功率发生器。也可以使电流比电压超前或滞后任一角度 φ。

2. 仿真分析与结果

单相 PWM 整流电路的仿真模型如图 2-118 所示，该电路与单极性 PWM 逆变电路类似，区别仅在负载端引入了交流电压源，交流电压源 u_s 的参数 Peak Amplitude 为 100V，Phase（deg）为 -45°。负载端为阻感负载，其参数设置为 $R = 0.5\Omega$，$L = 1\mathrm{e}^{-2}\mathrm{H}$。控制电路部分由 Sine Wave 模块产生调制信号，工作频率为 50Hz，其中的一路调制信号通过与零电平比较后产生 VT$_1$ 和 VT$_2$ 的驱动信号，另外一路调制信号通过与 Triangular Wave 模块产生的频率为 1kHz 的单极性三角波信号比较后，产生 VT$_3$ 和 VT$_4$ 的驱动信号。为了产生与调制信号极性保持一致的三角波,可采用 Sign 模块将信号波的极性检出并相乘;Multimeter 测量的为输出电压和输出电流,Multimeter 测量的为输出电流,总仿真时长设置为 0.04s 。单相 PWM 整流电路的仿真波形如图 2-119 所示,从上至下,第一幅图中曲线①代表载波信号,曲线②代表

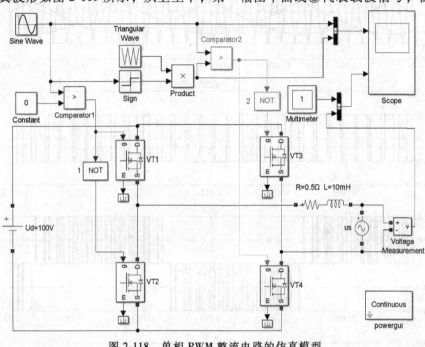

图 2-118 单相 PWM 整流电路的仿真模型

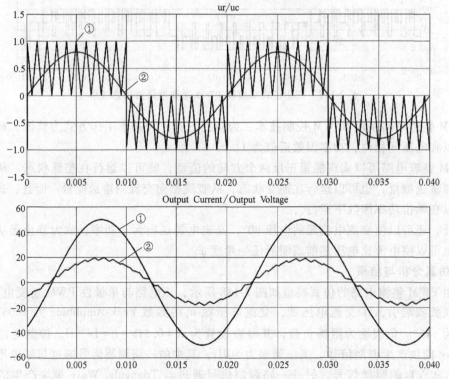

图 2-119 单相 PWM 整流电路的仿真波形

调制信号；第二幅图中曲线①代表交流输出电压，曲线②代表交流输出电流。

2.6 软开关技术的习题解析与仿真 ◀◀◀

[题 2.6.1] 软开关电路可以分为哪几类？其典型拓扑分别是什么样的？各有什么特点？（对应主教材第 8 章习题 2）

1. 理论分析与解析

根据电路中主要的开关元件开通及关断时的电压电流状态，可将软开关电路分为零电压电路和零电流电路两大类；根据软开关技术发展的历程可将软开关电路分为准谐振电路，零开关 PWM 电路和零转换 PWM 电路。

准谐振电路：这类电路中电压或电流的波形为正弦波，电路结构比较简单，但谐振电压或谐振电流很大，对器件要求高，只能采用脉冲频率调制控制方式。零电压开关准谐振电路的基本开关单元如图 2-120 所示。零电流开关准谐振电路的基本开关单元如图 2-121 所示。

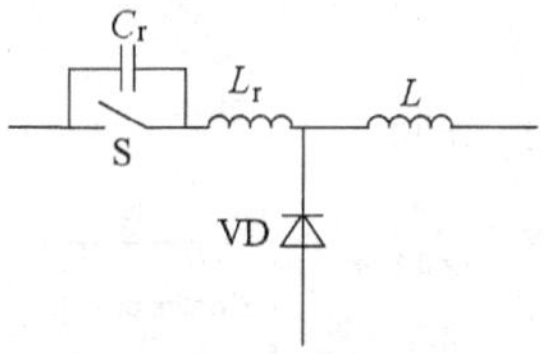

图 2-120 零电压开关准谐振电路的基本开关单元 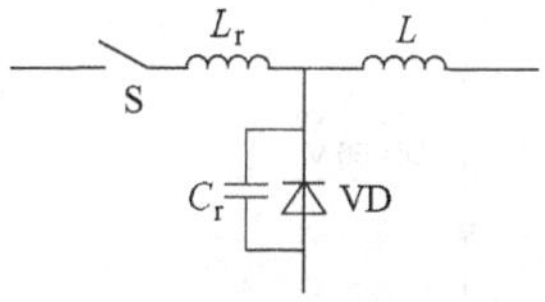　　图 2-121 零电流开关准谐振电路的基本开关单元

零开关 PWM 电路：这类电路中引入辅助开关来控制谐振的开始时刻，使谐振仅发生于开关过程前后，电路的电压和电流基本上是方波，开关承受的电压明显降低，电路可以采用开关频率固定的 PWM 控制方式。零电压开关 PWM 电路的基本开关单元如图 2-122 所示。零电流开关 PWM 电路的基本开关单元如图 2-123 所示。

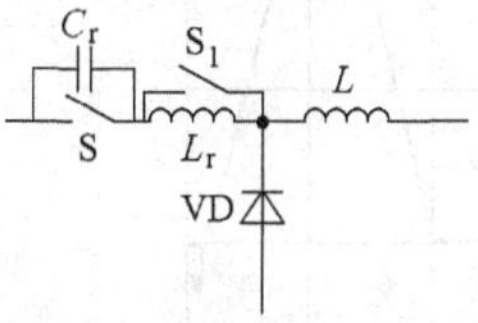

图 2-122 零电压开关 PWM 电路的基本开关单元 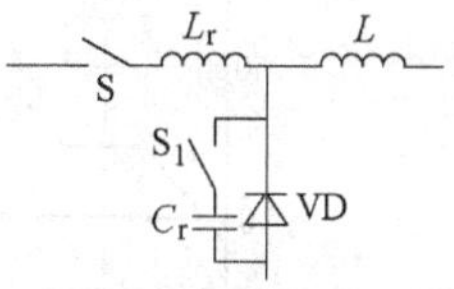　　图 2-123 零电流开关 PWM 电路的基本开关单元

零转换 PWM 电路：这类电路还是采用辅助开关控制谐振的开始时刻，所不同的是，谐振电路是与主开关并联的，输入电压和负载电流对电路的谐振过程的影响很小，电路在很宽的输入电压范围内从零负载到满负载都能工作在软开关状态，无功功率的交换被消减到最小。零电压转换 PWM 电路的基本开关单元如图 2-124 所示。零电流转换 PWM 电路的基本开关单元如图 2-125 所示。

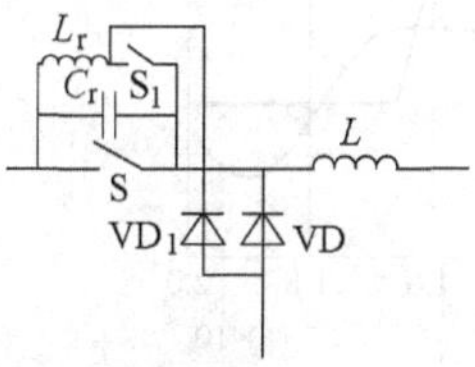

图 2-124 零电压转换 PWM 电路的基本开关单元 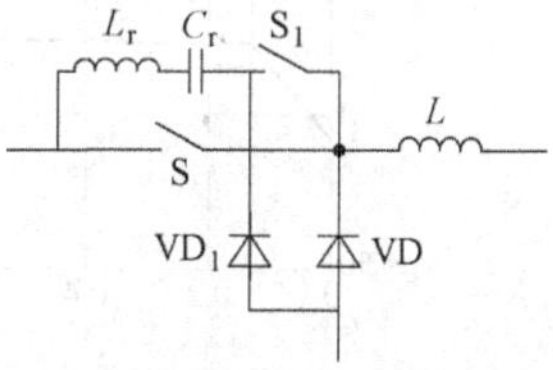　　图 2-125 零电流转换 PWM 电路的基本开关单元

2. 仿真分析与结果

下面给出零电压开关准谐振电路及零电流开关准谐振电路的仿真模型及仿真波形。

1) 零电压开关准谐振电路的仿真模型如图 2-126 所示，其中直流电源 U_i 的脉冲幅值 （Amplitude）设置为 50V，负载端为阻感负载，其参数设置为 $R=1\Omega$，$L=1e^{-4}H$。谐振电容 C_r 取 $3e^{-7}F$，谐振电感 L_r 取 $2e^{-6}H$。对于 MOSFET 开关管的驱动信号 Trig1，其脉冲幅度 （Amplitude）设置为 1V，脉冲周期（Period）设置为 $1e^{-5}s$，占空比（Duty Cycle）取 60%；仿真总时长取 0.5ms。零电压开关准谐振电路的仿真波形如图 2-127 所示，第一幅图中曲线 ①代表开关管 S 电压 u_s，曲线②代表开关管 S 电流 i_s；第二幅图中曲线①代表续流二极管 VD 电压 u_{VD}，曲线②代表谐振电感电流 i_{Lr}。

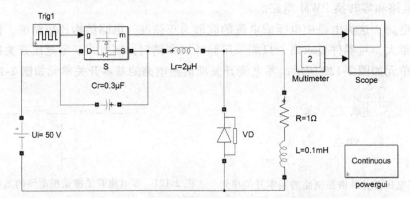

图 2-126 零电压开关准谐振电路的仿真模型

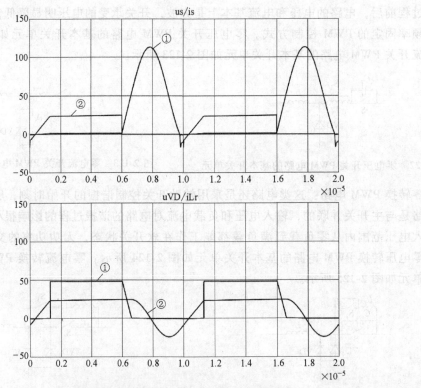

图 2-127 零电压开关准谐振电路的仿真波形

2）零电流开关准谐振电路的仿真模型如图 2-128 所示，其中直流电源 U_i 的脉冲幅值（Amplitude）设置为 50V，负载端为阻感负载，其参数设置为 $R = 2\Omega$，$L = 1e^{-4}H$。谐振电容 C_r 取 $3e^{-7}F$，谐振电感 L_r 取 $2e^{-6}H$。对于 MOSFET 开关管的驱动信号 Trig1，其脉冲幅度（Amplitude）设置为 1V，脉冲周期（Period）设置为 $1e^{-5}s$，占空比（Duty Cycle）取 60%；仿真总时长取 0.5ms。零电流开关准谐振电路的仿真波形如图 2-129 所示，从上至下，第一幅图中曲线代表驱动信号 u_{Tg1}；第二幅图中曲线①、②分别代表开关管 S 电压 u_s、电流 i_s；第三幅图中曲线代表谐振电感电流 i_{Lr}；第四幅图中曲线代表谐振电容电压 u_{Cr}。

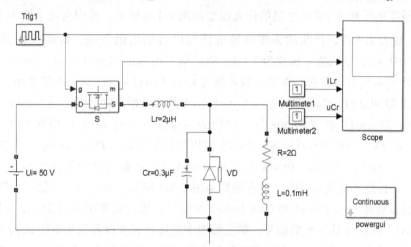

图 2-128　零电流开关准谐振电路的仿真模型

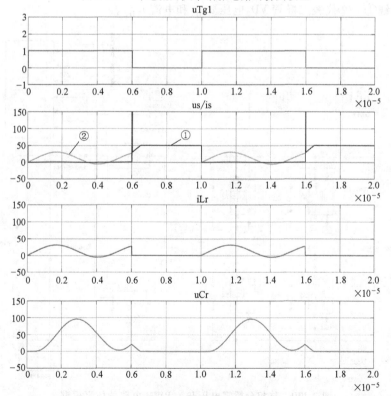

图 2-129　零电流开关准谐振电路的仿真波形

[**题2.6.2**] 在移相全桥零电压开关PWM电路中，如果没有谐振电感L_r，电路的工作状态将发生哪些改变，哪些开关仍是软开关，哪些开关将成为硬开关？（对应主教材第8章习题3）

1. 理论分析与解析

如果没有谐振电感L_r，电路中的电容C_{S1}、C_{S2}与电感L仍可构成谐振电路，而电容C_{S3}、C_{S4}将无法与L_r构成谐振回路，这样S_3、S_4将变为硬开关，S_1、S_2仍为软开关。

2. 仿真分析与结果

移相全桥零电压开关PWM电路的仿真模型如图2-130所示，其中直流电源U_i的脉冲幅值（Amplitude）设置为50V，负载端为带滤波电感和电容的电阻负载，负载参数为$L=5e^{-5}$H，$C=1e^{-4}$F，$R=0.4\Omega$；变压器电压比为2∶1。驱动信号由Gate Drive1～Gate Drive4四个触发脉冲模块分别对S_1～S_4开关管进行驱动。脉冲触发Gate Drive1～Gate Drive4模块中，Gate Drive1与Gate Drive2脉冲反相，Gate Drive3与Gate Drive4脉冲反相，脉冲幅度（Amplitude）设置为1V，脉冲周期（Period）设置为$50e^{-6}$s，它们的占空比（Duty Cycle）均取50%，脉冲幅度（Amplitude）取1V，Gate Drive1～Gate Drive4模块的相位延迟（Phase Delay）分别设置为0s、$25e^{-6}$s、$30e^{-6}$s、$5e^{-6}$s，即Gate Drive1与Gate Drive4产生的触发脉冲使得S_1与S_4在相位延迟上相差5μs。仿真总时长取0.001s。仿真波形如图2-131所示，从上至下，第一幅图中曲线①、②分别代表触发脉冲Gate Drive1和Gate Drive2的信号；第二幅图中曲线①、②分别代表触发脉冲Gate Drive3和Gate Drive4的信号；第三幅图中曲线代表变压器两端电压u_{AB}；第四幅图中曲线代表流过滤波电感电流i_L；第五幅图中曲线①、②代表二极管VD_1电压u_{VD1}和电流i_{VD1}，第六幅图中曲线①、②代表二极管VD_2电压u_{VD2}和电流i_{VD2}。

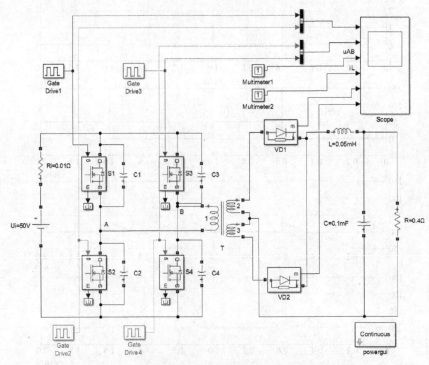

图2-130　移相全桥零电压开关PWM电路的仿真模型

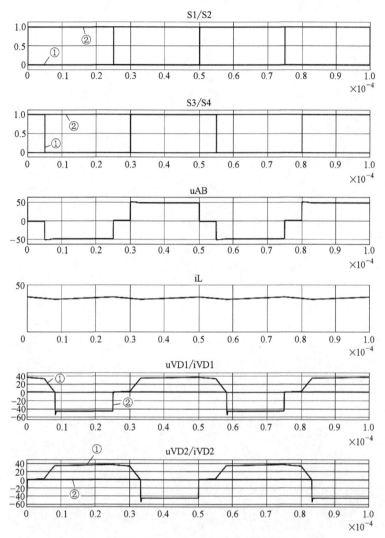

图 2-131 移相全桥零电压开关 PWM 电路的仿真波形

第2部分

电力电子技术典型实验的计算机仿真

第 3 章

电力电子技术课程实验教学大纲

电力电子技术是一门理论结合实践、实验性强的课程，电力电子技术实验是学习电力电子技术课程的重要组成部分。由于实验原理复杂、电路接线繁琐，如果学生没有做好预习，在有限的时间内很难理解并完成电力电子技术实验。因此，想彻底理解并掌握电力电子技术实验项目，学生应做到课前仿真预习、课内动手实践、课后总结分析。仿真研究是课前预习的最佳手段；动手实践是直观了解电力电子电路及其控制电路的必经之路，是仿真研究的有益补充；课后总结分析的主要形式是撰写电力电子技术实验报告，报告内容应包括仿真电路搭建及波形分析、实验电路搭建及波形分析、仿真及实际电路波形差异对比分析等。

本书第二部分按照电力电子技术课程实验教学大纲的要求，挑选几个典型的电力电子技术实验项目，撰写相应的实验指导书，包括实验目的、实验内容、实验原理等，并搭建实验项目的 MATLAB 仿真分析，最后按照实验要求开展实际电路的搭建工作。

3.1 电力电子技术课程典型实验教学大纲 ◁◁◁

一、课程的性质、目的及任务

电力电子技术是电气工程及其自动化专业一门重要的专业基础课。本课程着重学习电能变换电路的基本工作原理。通过本课程的学习，使学生了解电力电子技术的发展概况、技术动向和新的应用领域；了解与熟悉常用的电力电子器件的工作机理、电气特性和主要参数；从理论和实践上较好地理解和掌握基本的电力电子电路的工作原理、电路结构、电气性能、波形分析方法和参数计算，并能进行初步的系统设计。使学生具有一定的电力电子电路实验和调试的能力，为后继课程的学习和未来的工作打下基础。

二、适用专业

电气工程及其自动化，自动化等。

三、先修课程

电路原理、模拟电子技术、数字电子技术、电机与拖动。

四、实验的基本要求

要求学生结合理论课，对每个实验进行认真的预习和操作，仔细观察和记录，思考实验中出现的问题，并对其进行理论解释，做好实验报告，达到辅助教学、增强感性认识、提高实践动手能力的目的。

五、实验教学内容

实验1：锯齿波同步移相触发电路

① 掌握锯齿波同步移相触发电路的基本原理及各元件的作用；

② 掌握锯齿波同步移相触发电路的调试方法。

实验2：单相桥式全控整流电路

① 掌握单相桥式全控整流电路的工作原理及输出电压、电流波形；

② 研究单相桥式全控整流电路在电阻、电阻-电感性负载及反电动势负载时的工作状态。

实验3：三相桥式全控整流及有源逆变电路

① 深入理解三相桥式全控整流及有源逆变电路的工作原理和输出电压、电流波形；

② 了解晶闸管-电动机系统的工作情况。

实验4：单相交流调压电路

① 理解单相交流调压电路的工作原理；

② 理解交流调压感性负载对移相范围要求。

实验5：直流斩波电路

① 掌握 Buck、Boost 变换器的工作原理、特点与电路；

② 熟悉 Buck、Boost 变换器连续与不连续工作模式的工作波形。

实验6：单相交直交变频电路

① 理解单相正弦波（SPWM）逆变电源的组成、工作原理、波形分析与使用场合；

② 熟悉正弦波发生电路、SPWM 专用集成电路的工作原理与使用方法。

六、学时分配表

序号	实验项目名称	实验学时	每组人数	实验属性	开出要求（必做或选做）	是否可以开放
1	锯齿波同步移相触发电路	2	3	综合性	必做	是
2	单相桥式全控整流电路	2	3	综合性	必做	是
3	三相桥式全控整流及有源逆变电路	2	3	综合性	必做	是
4	单相交流调压电路	2	3	综合性	必做	是
5	直流斩波电路	2	3	设计性	必做	是
6	单相交直交变频电路	2	3	设计性	必做	是

七、主要参考书

1. 王兆安，等. 电力电子技术（第5版），机械工业出版社，2009 出版。

2. 裴云庆，等. 电力电子技术学习指导习题集及仿真，机械工业出版社，2012 出版。

八、说明

实验由课前预习、课内实验、实验报告三部分组成。

3.2　电力电子技术典型实验台介绍　◀◀◀

电力电子技术课程实验平台采用浙江求是科技有限公司的 SMCL-I 型现代电力电子及电气传动实验台，如图 3-1 所示。该试验台面向电气工程及其自动化、自动化专业，满足"电力电子技术""电力拖动自动控制系统""自动控制原理"等课程的实验需求，可以完成本科生的常规实验，也可以承担相关课程的课程设计和毕业设计等内容。

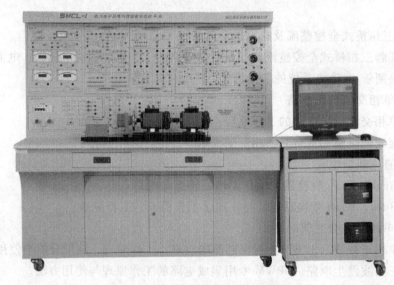

图 3-1　电力电子技术课程实验平台

一、可完成的实验项目清单

1. 晶闸管部分

（1）单结晶闸管触发电路及单相半波可控整流电路实验

（2）正弦波同步移相触发电路实验

（3）锯齿波同步移相触发电路实验

（4）集成触发电路实验

（5）单相桥式半控整流电路实验

（6）单相桥式全控整流电路实验

（7）单相桥式有源逆变电路实验

（8）三相半波可控整流电路的研究

（9）三相半波有源逆变电路的研究

（10）三相桥式半控整流电路实验

（11）三相桥式全控整流及有源逆变电路实验

（12）单相交流调压电路实验

（13）三相交流调压电路实验

2．器件特性部分

（1）功率场效应晶体管的主要参数测量

（2）功率场效应晶体管的驱动电路研究

（3）绝缘栅双极型晶体管特性及其驱动电路的研究

（4）电力晶体管驱动电路的研究

（5）电力晶体管的特性研究

3．典型线路部分

（1）六种直流斩波电路的性能研究

（2）单相交-直-交变频电路的性能研究

（3）斩控式交流调压实验

（4）全桥 DC-DC 变换电路实验

（5）整流电路的有源功率因数校正实验

（6）软开关技术实验

（7）单端正激反激开关电源实验

4．直流调速系统实验

（1）晶闸管直流调速系统参数和环节特性的测定

（2）晶闸管直流调速主要单元调试

（3）不可逆单闭环直流调速系统静特性的研究

（4）双闭环晶闸管不可逆直流调速系统

（5）逻辑无环流可逆直流调速系统

（6）双闭环控制的直流脉宽调速系统

（7）直流调速的数字 PID 设计实验（开环、闭环、PWM）

5．交流调速系统实验

（1）双闭环三相异步电动机调压调速系统

（2）双闭环三相异步电动机串级调速系统

（3）异步电动机的 SPWM 变频调速系统

（4）异步电动机的空间矢量控制的变频调速系统

（5）采用 DSP 的异步电动机磁场定向变频调速系统（上位机软件）

（6）采用 DSP 的异步电动机直接转矩变频调速系统（上位机软件）

二、产品特点

（1）实验项目齐全，综合性强，并且充分反映了"电机学""电力拖动""电力电子技术""电力拖动自动控制系统""自动控制理论""计算机控制技术"等课程的最新发展趋势，紧密追踪工业发展方向。

（2）实验装置具有良好的兼容性和可扩展性。实验台采用平台式设计，即实验中所要用到的各类仪表和电源基本上采用固定式。实验项目采用组件式，可以根据用户的需求进行选配和扩展。

（3）实验设备具有高安全性。包括电流型漏电保护器、隔离变压器、电压型漏电保护器等多重人身安全措施，采用全封闭新型手枪式导线，可以防止学生误触到金属部分。

（4）各测量仪表、电源均有过量程和短路保护。特别是电力电子技术及其相关实验，除了在线路中设计有各种保护电路外，还采用了高低压两种导线，两种导线采用不同形式、不同线径，不能互插，有效地避免了高压串入低压线路可能造成控制电路的损坏。

（5）产品使用的实验电动机均为小型电动机，经过特殊设计，其参数和特性可模拟中小型电动机。同时可节约实验用房，减少基建投资；实验时噪声小，改善实验环境。

（6）新技术、新器件得到了大量的采用。高性能变频调速系统采用数字信号处理器（DSP）作为核心控制器，采用高分辨率的光电编码器作为转速反馈元件，采用 LEM 传感器作为电流检测元件，可完成 SPWM、空间矢量、磁场定向、直接转矩等变频调速实验。交流仪表采用 DSP（TMS320F2407）设计，真有效值显示，其中电压表、电流表为数模双显，可与计算机相连。

第4章

电力电子电路典型实验项目的仿真实践

4.1　单相桥式全控整流电路　◀◀◀

一、实验目的

1）熟悉触发电路及晶闸管主回路组件。
2）熟悉主电路的组成和相关特性。
3）掌握 Simulink 元件模块的选择与系统仿真。
4）熟悉单相桥式全控整流电路的接线。

二、实验内容

1）回顾单相桥式全控整流电路的电路拓扑与工作原理（课前）。
2）完成单相桥式全控整流电路的 Simulink 仿真和实验调试（课前）。
3）记录单相桥式全控整流电路带电阻/阻感负载情况下各自的电路波形及相关特性（课内）。
4）完成仿真报告与实验报告（课后）。

三、实验原理

单相桥式全控整流电路是单相整流电路中应用较多的一种，其电路拓扑如图 4-1 所示。

（1）带电阻负载（$L=0$）

单相桥式全控整流电路带电阻负载时的工作波形如图 4-2 所示。当 $u_2>0$ 时，a 点电位高于 b 点，VT_2 和 VT_3 反偏，不导通；在 $\omega t=\alpha$ 前，VT_1 和 VT_4 虽正偏但无触发脉冲，不导通；在 $\omega t=\alpha$ 时，VT_1 和 VT_4 导通，u_2 开始向负载 R 供电，该状态一直延续到 $\omega t=\pi$。此后，$u_2<0$，b 点电位高于 a 点，VT_1 和 VT_4 因承受反向电压而关断，当 $\omega t \in (\pi,\ \pi+\alpha)$ 时，VT_2 和 VT_3 虽正偏但无触发脉冲，不导通；当 $\omega t \in (\pi+\alpha,\ 2\pi)$ 时，VT_2 和 VT_3 触发导通。

带电阻负载时晶闸管的移相范围：0~180°。整流电压平均值：$U_{\mathrm{d}}=0.9U_2\dfrac{1+\cos\alpha}{2}$，其中 U_2 为 u_2 的有效值。

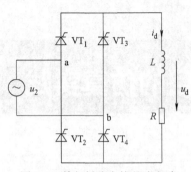

图 4-1 单相桥式全控整流电路

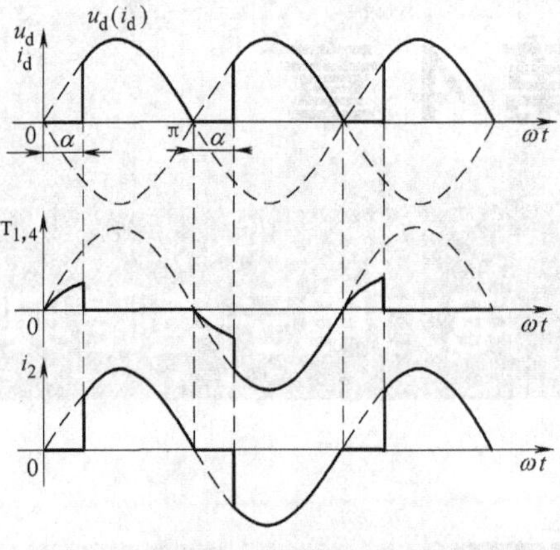

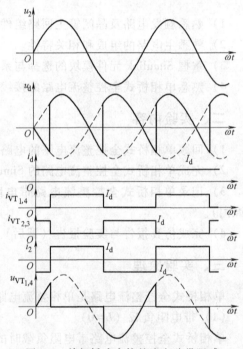

图 4-2 单相桥式全控整流电路带电
阻负载时的工作波形

（2）带阻感负载（$L \neq 0$）

单相桥式整流电路带阻感负载时的工作波形如图 4-3 所示。当 $u_2 > 0$ 时，a 点电位高于 b 点，VT_2 和 VT_3 反偏，不导通，VT_1 和 VT_4 虽正偏，但无触发脉冲，也不导通；在 $\omega t = \alpha$ 时，VT_1 和 VT_4 开始导通，假设 L 很大，负载电流 i_d 近似为水平线，该状态一直延续到 $\omega t = \pi$ 时刻；当 $\omega t \in (\pi, \pi + \alpha)$ 时，VT_2 和 VT_3 虽正偏但无触发脉冲，不导通，此时由于电感电流不能突变，VT_1 和 VT_4 仍然导通，各参量仍然保持原有状态；当 $\omega t = \pi + \alpha$ 时，VT_2 和 VT_3 触发导通，此时由于 b 点电位高于 a 点，故 VT_1 和 VT_4 立即关断，该状态将一直延续到 $\omega t = 2\pi + \alpha$ 时刻。

带阻感负载时晶闸管的移相范围：0～90°。

整流电压平均值：$U_d = 0.9U_2\cos\alpha$。

四、电路仿真与仿真结果

1. 仿真模型

单相桥式全控整流电路的仿真模型如图 4-4 所示。图中单相电源相电压峰值设为 100V，频率为 50Hz，负载为电阻/阻感负载，电阻为 2Ω，电感为 0.02H。仿真时间设为 0.1s。

2. 仿真波形

仿真波形如图 4-5、图 4-6 所示，由上至下分别为：输入相电压 u_2、整流输出电压 u_d、负载电流 i_d 和晶闸管 VT_1 两端电压 u_{VT1}。

带电阻负载：$\alpha = 0°$ 时的仿真波形如图 4-5a 所示，$\alpha = 45°$ 时的仿真波形如图 4-5b 所示。

图 4-3 单相桥式全控整流电路带阻感
负载时的工作波形

带阻感负载：$\alpha = 0°$时的仿真波形如图 4-6a 所示，$\alpha = 45°$时的仿真波形如图 4-6b 所示。

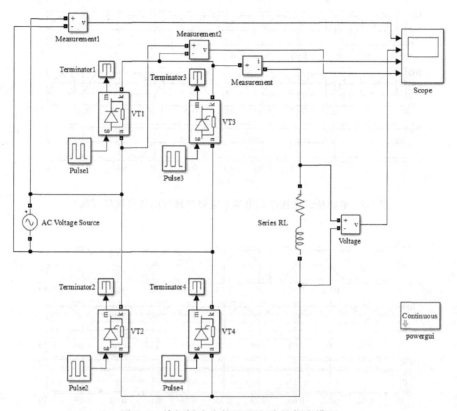

图 4-4　单相桥式全控整流电路的仿真模型

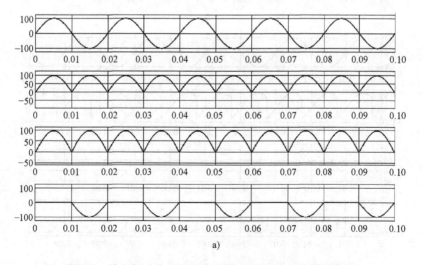

图 4-5　单相桥式全控整流电路带电阻负载时的仿真波形

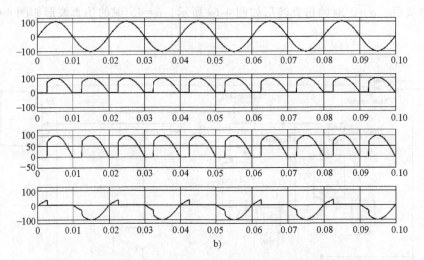

b)

图 4-5　单相桥式全控整流电路带电阻负载时的仿真波形（续）

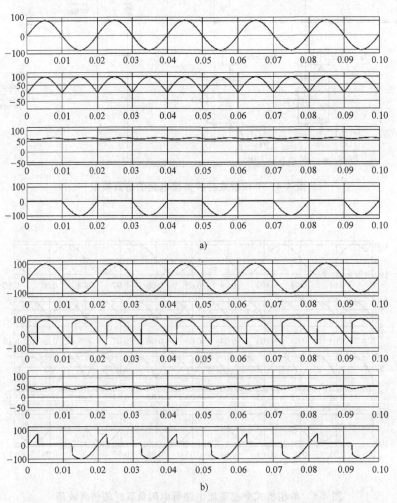

a)

b)

图 4-6　单相桥式全控整流电路带阻感负载时的仿真波形

五、实验设备及仪器

1）教学实验台主控制屏。

2）触发电路（锯齿波触发电路）组件。

3）电阻负载组件。

4）变压器组件。

5）双踪示波器。

6）万用表。

六、实验电路

实验电路如图 4-7 所示。

1）电源控制屏位于电力电子技术实验台的挂箱 NMCL-32/MEL-002T 上。

2）锯齿波触发电路位于电力电子技术实验台的挂箱 NMCL-05E 或 NMCL-05D 上。

3）平波电抗器 L 位于电力电子技术实验台的挂箱 NMCL-331 上。

4）可调电阻 R_d 位于电力电子技术实验台的挂箱 NMEL-03/4 或 NMCL-03 上。

5）G 给定（U_g）位于 NMCL-31、NMCL-31A 或 SMCL-01 调速系统控制单元中。

6）U_{ct} 位于锯齿波触发电路中。

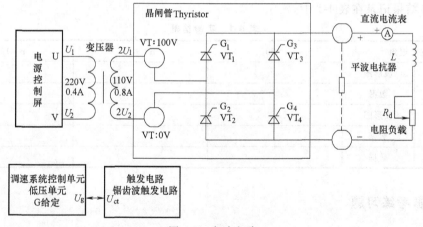

图 4-7　实验电路

七、实验方法

1. 注意事项

1）本实验中触发晶闸管的脉冲来自触发电路（锯齿波触发电路）组件。

2）调节电阻 R_d 时，若电阻过小，会出现电流过大造成过电流保护动作（熔丝烧断或仪表告警）。

3）电感的值可根据需要选择。

4）变压器采用组式变压器，一次侧为 220V，二次侧为 110V。

5）示波器的两根地线由于同外壳相连，必须注意需接等电位，否则易造成短路事故。

2. 单相桥式全控整流电路实验步骤

1）将触发电路(锯齿波触发电路)面板左上角的同步电压输入接电源控制屏的 U、V 输出端。

2）断开变压器和晶闸管 VT 主回路的连接线，合上控制屏主电路电源(按下绿色开关)，此时锯齿波触发电路应处于工作状态。

调速系统控制单元(低压单元)的 G 给定电位器 R_{P1} 逆时针调到底（$U_g=0$），使 $U_{ct}=0$。调节偏移电压电位器 R_{P2}，使 $\alpha=90°$。断开主电源，按图 4-7 连线。

3）单相桥式全控整流电路供电给电阻负载。接上电阻负载，逆时针调节电阻负载至最大，首先短接平波电抗器。闭合电源控制屏主电路电源，调节调速系统控制单元（低压单元）给定 U_g，求取在不同角（60°、90°、120°）时整流电路的输出电压 $U_d=f(t)$，晶闸管的端电压 $U_{VT}=f(t)$ 的波形，并记录相应 α 角、电阻负载 U_d 和交流输入电压 U_2 的值。

4）单相桥式全控整流电路供电给电感负载。断开平波电抗器短接线，求取在不同控制电压 U_g 时的输出电压 $U_d=f(t)$、负载电流 $I_d=f(t)$ 以及晶闸管端电压 $U_{VT}=f(t)$ 波形或数值，并记录相应 α 角。注意，增加 U_g 使 α 前移时，若电流太大，可增加与 L 相串联的电阻阻值加以限流。

八、实验结果

将实验结果记录在表 4-1 中。

表 4-1 实验结果

触发延迟角		$\alpha=60°$	$\alpha=90°$	$\alpha=120°$
U_d	波形图			
	数据			
U_{VT}	波形图			
	数据			
I_d	数据			

九、思考练习题

利用"Fundamental Blocks→Power Electronics"内的通用变换器桥(Universal Bridge)实现单相桥式全控整流电路的仿真。

4.2 三相桥式全控整流及有源逆变电路

一、实验目的

1）熟悉触发电路及晶闸管主回路组件。
2）熟悉三相桥式全控整流及逆变电路的组成和相关特性。
3）掌握 Simulink 元件模块的选择与系统仿真。
4）熟悉三相桥式全控整流及逆变电路的接线。

二、实验内容

1）回顾三相桥式全控整流及逆变电路的电路拓扑与工作原理并完成 Simulink 仿真（课前）。

2）完成三相桥式全控整流及逆变电路的实验调试（课内）。

3）记录三相桥式全控整流电路带电阻/阻感负载情况下各自的电路波形及相关特性（课内）。

4）记录三相桥式逆变电路的电路波形及相关特性（课内）。

5）完成仿真报告与实验报告（课后）。

三、实验原理

1. 三相桥式全控整流电路工作原理

三相桥式全控整流电路是应用最为广泛的整流电路，它是由两组三相半波整流电路串联而成的，一组为共阴极接线，另一组为共阳极接线，如图 4-8 所示。

共阴极组（VT_1，VT_3，VT_5）正半周触发导通，共阳极组（VT_2，VT_4，VT_6）负半周触发导通，在一个周期中变压器绕组没有直流磁动势，且每相绕组在正负半周都有电流流过，延长了变压器的导电时间，提高了绕组的利用率。晶闸管的导通顺序为：$VT_1—VT_2—VT_3—VT_4—VT_5—VT_6$。自然换相时，每时刻导通的两个晶闸管分别对应共阴极组中阳极所接交流电压值最高的一个和共阳极组中阴极所接交流电压值最低的一个。

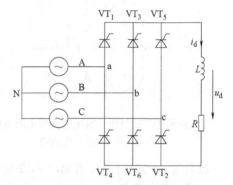

图 4-8 三相桥式全控整流电路

（1）带电阻负载

当触发角 $\alpha = 0°$ 时，各晶闸管均在自然换相点处换相，此时可将晶闸管视为二极管。任意时刻共阳极组和共阴极组中各有一个晶闸管处于导通状态，施加于负载上的电压为某一线电压。此时，电路的工作波形如图 4-9 所示。

当触发角 $\alpha = 30°$ 时，电路的工作波形如图 4-10 所示，其与 $\alpha = 0°$ 时的区别在于晶闸管导通时刻推迟了30°，组成 u_d 的每一段线电压因此推迟了30°，u_d 平均值降低。

当触发角 $\alpha = 60°$ 时，电路的工作波形如图 4-11 所示，由于直流电压中每段线电压波形继续往后移，平均值降低的同时，输出直流电压 u_d 出现了零点。

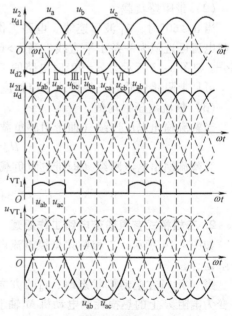

图 4-9 三相桥式整流电路带电阻负载
$\alpha = 0°$ 时的工作波形

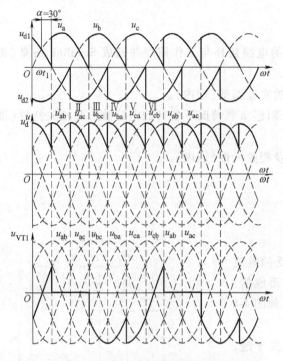

图 4-10 三相桥式整流电路带电阻负载
α=30°时的工作波形

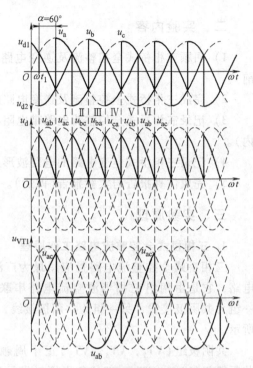

图 4-11 三相桥式整流电路带电阻负载
α=60°时的工作波形

触发角 α=90°时的波形如图 4-12 所示。

显然，当触发角 α≤60°时，u_d 波形连续；而 α>60°时，u_d 波形断续。

可见带电阻负载时三相桥式全控整流电路 α 角的移相范围为 0~120°。

（2）带阻感负载

当 α≤60°时，u_d 波形连续，电路工作情况与带电阻负载时十分相似，区别在于此时的负载电流可近似为一条水平直线；当 α>60°时，由于电感 L 的作用，u_d 的波形会出现负的部分。如图 4-13 所示为 α=90°时电路的工作波形。

可见带阻感负载时三相桥式全控整流电路 α 角的移相范围为 0~90°。

（3）整流电压平均值

当整流输出电压连续（即带阻感负载或带电阻负载且 α≤60°）时，整流电压平均值为

$$U_d = 2.34U_2\cos\alpha$$

当整流输出电压断续（即带电阻负载且 α>60°）时，整流电压平均值为

$$U_d = 2.34U_2\left[1+\cos\left(\frac{\pi}{3}+\alpha\right)\right]$$

2. 三相桥式有源逆变电路工作原理

如图 4-14 所示，三相桥式全控整流电路(G)同时接入了阻感和电机(M)负载，M 可四象限运行。

当 M 运行在电动机状态时，i_d 的方向如图 4-14 所示。电网电能经整流桥输出给负载，转变为电阻 R 上的热损耗和电动机 M 轴上输出的机械能。

当 M 运行在发电机状态，且 M 输出的电动势大于 G 输出的电动势时，i_d 将反向流动。发电机 M 输出的电能反送到电网，这一过程称为有源逆变。

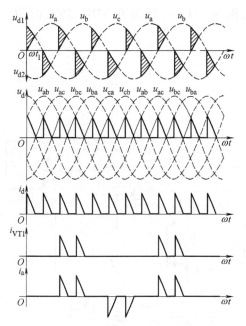

图 4-12 三相桥式整流电路带电阻负载
α = 90°时的工作波形

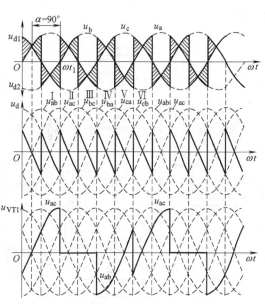

图 4-13 三相桥式整流电路带阻感负载
α = 90°时的工作波形

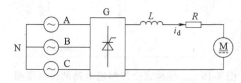

图 4-14 三相桥式全控整流电路接阻感和电机负载

如图 4-15 所示，用一个三相二极管整流桥替代电机 M 作为电机负载，反向串联在三相桥式全控整流电路中。根据上述分析，当触发角 α > π/2 时，电路将工作在有源逆变状态。

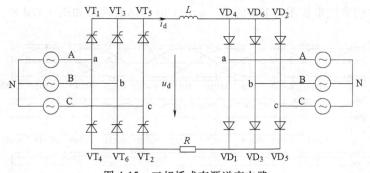

图 4-15 三相桥式有源逆变电路

四、电路仿真与仿真结果

1. 三相桥式全控整流电路的仿真

三相桥式全控整流电路的仿真模型如图 4-16 所示。图中三相电源相电压峰值设为

100V，频率为 50Hz，负载为电阻/阻感负载，电阻为 2Ω，电感为 0.02H。仿真时间设为 0.05s。

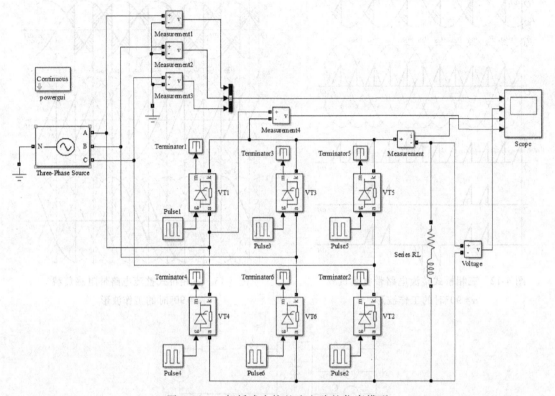

图 4-16　三相桥式全控整流电路的仿真模型

仿真波形如图 4-17、图 4-18 所示，由上至下分别为：输入相电压 u_2、整流输出电压 u_d、负载电流 i_d 和晶闸管 VT_1 两端电压 u_{VT1}。

带电阻负载，$\alpha = 0°$时的仿真波形如图 4-17a 所示；$\alpha = 30°$时的仿真波形如图 4-17b 所示；$\alpha = 60°$时的仿真波形如图 4-17c 所示；$\alpha = 90°$时的仿真波形如图 4-17d 所示。

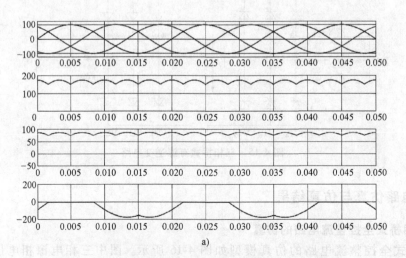

a)

图 4-17　三相桥式全控整流电路带电阻负载时的仿真波形

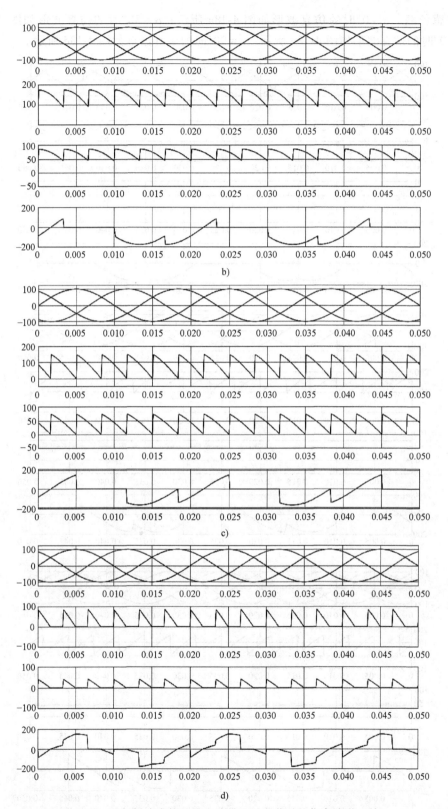

b)

c)

d)

图 4-17 三相桥式全控整流电路带电阻负载时的仿真波形（续）

　　带阻感负载，$\alpha = 0°$时的仿真波形如图 4-18a 所示；$\alpha = 30°$时的仿真波形如图 4-18b 所示；$\alpha = 60°$时的仿真波形如图 4-18c 所示；$\alpha = 90°$时的仿真波形如图 4-18d 所示。

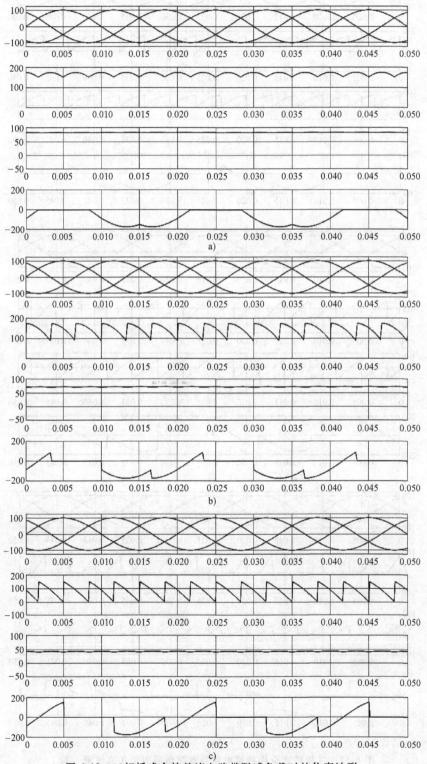

图 4-18　三相桥式全控整流电路带阻感负载时的仿真波形

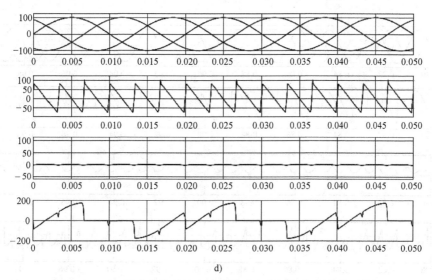

d)

图 4-18　三相桥式全控整流电路带阻感负载时的仿真波形（续）

2. 三相桥式有源逆变电路的仿真

三相桥式有源逆变电路的仿真模型如图 4-19 所示。图中三相电源相电压峰值设为 100V，频率均为 50Hz；负载为电阻阻感负载，电阻为 2Ω，电感为 0.02H。仿真时间设为 1s。

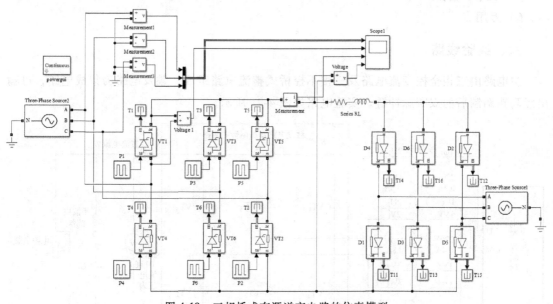

图 4-19　三相桥式有源逆变电路的仿真模型

三相桥式有源逆变电路的仿真波形如图 4-20 所示，波形由上至下分别为左侧三相输入相电压 u_2、晶闸管 VT_1 两端电压 u_{VT1}、直流侧电流 i_d 和直流侧电压 u_d。

五、实验设备及仪器

1）教学实验台主控制屏。

2）触发电路及晶闸管主回路组件。

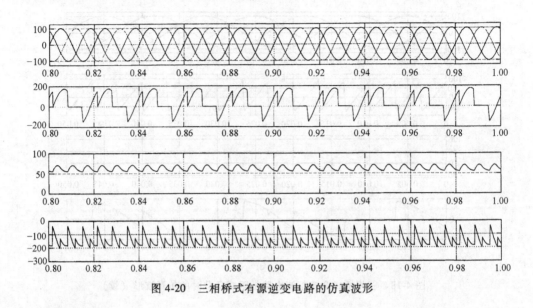

图 4-20　三相桥式有源逆变电路的仿真波形

3）电阻负载组件。

4）变压器组件。

5）双踪示波器。

6）万用表。

六、实验线路

主电路由三相全控变流电路及三相不控桥式整流电路组成。触发电路为集成电路，可输出经高频调制后的双窄脉冲链。实验电路如图 4-21 所示。

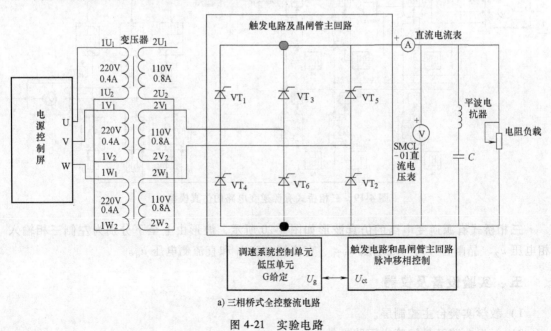

a）三相桥式全控整流电路

图 4-21　实验电路

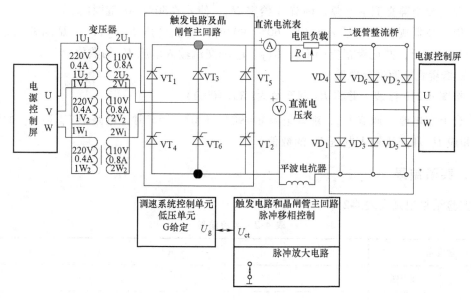

b) 三相桥式有源逆变电路

图 4-21 实验电路（续）

1）电源控制屏位于电力电子技术实验台的挂箱 NMCL-32/MEL-002T 上。

2）平波电抗器 L 位于电力电子技术实验台的挂箱 NMCL-331 上。

3）可调电阻 R_d 位于电力电子技术实验台的挂箱 NMEL-03/4 或 NMCL-03 上。

4）G 给定（U_g）位于 NMCL-31、NMCL-31A 或 SMCL-01 调速系统控制单元中。

5）U_{ct} 位于电力电子技术实验台的挂箱 NMCL-33 或 NMCL-33F 上。

6）晶闸管位于电力电子技术实验台的挂箱 NMCL-33 或 NMCL-33F 上。

7）二极管位于电力电子技术实验台的挂箱 NMCL-33 或 NMCL-33F 上。

七、实验方法

1. 未上主电源之前，检查晶闸管的脉冲是否正常

1）用示波器观察触发电路及晶闸管主回路的双脉冲观察孔，应有间隔均匀、相互间隔 60°且幅度相等的双脉冲。

2）检查相序：用示波器观察触发电路及晶闸管主回路，同步电压观察口"1""2"间隔 120°。脉冲观察孔"1"脉冲超前"2"脉冲 60°（即"1"号脉冲的第二个脉冲波与"2"号脉冲的第一个脉冲波相重叠）则相序正确；否则，应调整输入电源（任意对换三相插头中的两相电源）。

3）用示波器观察每只晶闸管的控制极和阴极，应有幅度为 1~2V 的脉冲。

4）将调速系统控制单元的给定器输出 U_g 接至触发电路及晶闸管主回路面板的 U_{ct} 端，调节偏移电压 U_b，在 $U_{ct} = 0$ 时，使 $\alpha = 150°$。

2. 三相桥式全控整流电路实验步骤

1）按图 4-21a 接线，并将 R_d 调至最大。

2）合上控制屏交流主电源，调节 G 给定 U_{ct}，使 α 在30°~90°范围内。

3）用示波器观察，记录 α = 30°、60°、90°时，整流电压 $U_d = f(t)$、晶闸管两端电压 $U_{VT} = f(t)$ 的波形，并记录相应的 U_d、U_{VT}、I_d 和交流输入电压 U_2 的数值。

3. 三相桥式有源逆变电路

1）按图 4-21b 接线，并将 R_d 调至最大（R_d>400Ω）。

2）合上主电源，调节 U_{ct}，观察记录 α = 90°、120°、150°时，电路中 U_d 和 U_{VT} 的波形，并记录相应 U_d 和交流输入电压 U_2 的数值。

八、实验结果

将实验结果记录在表 4-2 中。

表 4-2　实验结果

触发角		α =	α =	α =
U_d	波形图			
	数据			
U_{VT}	波形图			
	数据			
I_d	数据			
U_2	数据			

九、思考练习题

1）在进行三相桥式全控整流电路的 Simulink 仿真时，若设置三相电源 A 相的频率为 50Hz，初始相角（Phase Angle of Phase A）为 0，则 α 分别为 0°、30°、60°、90°时，六个触发环节（Pulse Generator）的相位延迟（Phase delay）时间应分别设置为多少？

2）利用 Specialized Technology 库下 Control and Measurements→Pulse & Signal Generators 内的同步 6 脉冲触发器（Thyristor 6-Pulse）和 Power Electronics 内的通用变换器桥（Universal Bridge）实现三相桥式全控整流电路的仿真。

4.3　直流斩波电路

一、实验目的

1）熟悉降压斩波电路（Buck Chopper）和升压斩波电路（Boost Chopper）的组成和相关特性，掌握这两种基本斩波电路的工作状态及波形。

2）熟悉触发电路及 MOSFET 的基本特性。

3）掌握 Simulink 元件模块的选择与系统仿真。

4）掌握直流斩波电路的相关性能。

二、实验内容

1）回顾升、降压斩波电路的电路拓扑与工作原理并完成 Simulink 仿真（课前）。

2）调试 SG3525 芯片并完成升、降压斩波电路的波形观察及电压测试（课内）。

3）完成仿真报告与实验报告（课后）。

三、实验原理

1. Buck 电路工作原理

Buck 变换器如图 4-22 所示，它由电感、可控开关管（MOSFET）、二极管和负载组成。当其中的二极管和开关管处于不同的通断组合时，可形成不同的换流状态。

通常在一个开关周期内，可以将 Buck 变换器的工作过程分为如下两个阶段：

1）当开关管 V 导通时，二极管 VD 承受反压而关断。此时，电源向负载供电，电感开始储能，因此 i_L 增加。此状态的换流电路如图 4-23a 所示。

2）当开关管 V 关断时，由于电感电流不能突变，因此二极管 VD 开始导通续流，由电感 L 通过二极管向负载供电，此状态的换流电路如图 4-23b 所示。

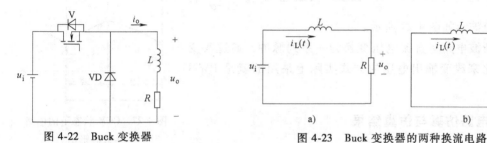

图 4-22　Buck 变换器　　　　图 4-23　Buck 变换器的两种换流电路

当电感 L 足够大时，可维持负载电流连续且脉动小。此时电路处于连续导通（CCM）状态，负载电压 $U_o = \alpha U_i$，α 为导通占空比，各参数波形如图 4-24 所示。

2. Boost 电路工作原理

Boost 变换器如图 4-25 所示，它由电感、可控开关管（MOSFET）、二极管、输出电容和负载组成。当其中的二极管和开关管处于不同的通断组合时，可形成不同的换流状态。

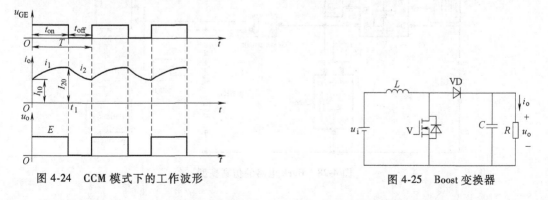

图 4-24　CCM 模式下的工作波形　　　　图 4-25　Boost 变换器

通常在一个开关周期内，可以将 Boost 变换器的工作过程分为如下两个阶段：

1）当开关管 V 导通时，二极管 VD 承受反压而关断。此时，输入电源通过电感储能，

因此 i_L 增加，从而使电感 L 中的磁能也增加，这时的负载仅靠电容 C 的储能供电，此状态的换流电路如图 4-26a 所示。

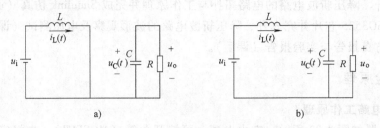

图 4-26 Boost 变换器的两种工作状态

2）当开关管 V 关断时，由于电感电流不能突变，此时二极管 VD 导通，且电源 U_i 和电感 L 通过二极管同时向负载供电，电容 C 充电，因此 i_L 减小，该状态下的换流电路如图 4-26b 所示。

当电感 L 足够大时，可维持负载电流连续且脉动小，此时电路处于连续导通（CCM）状态，负载电压 $U_o = \dfrac{1}{1-\alpha}U_i$，电压和电流波形如图 4-27 所示。

直流斩波电路将直流电压变换为一系列脉冲，通过改变脉冲占空比来改变输出电压的方式实际上采用的就是 PWM 技术。

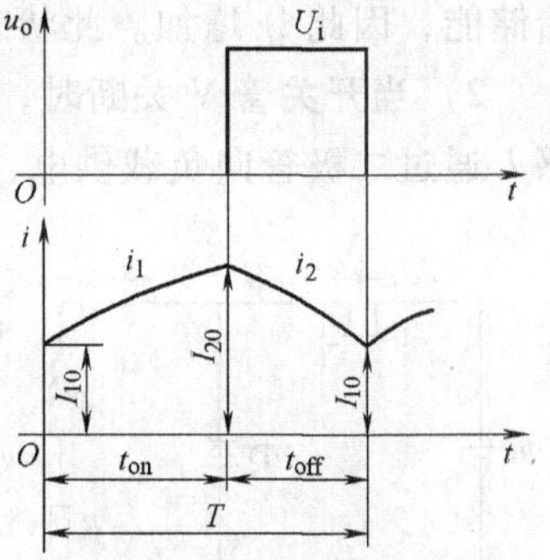

图 4-27 CCM 状态下的电路参数波形图

四、电路仿真与仿真结果

1. Buck 电路的仿真

Buck 电路的仿真模型如图 4-28 所示。图中直流电源电压设为 100V，负载为阻感负载，电阻为 2Ω，电感为 0.01H。触发环节产生的驱动信号的频率为 100Hz，占空比为 60%。仿真时间设置为 0.2s，选取 0.1~0.2s 时的稳态波形。

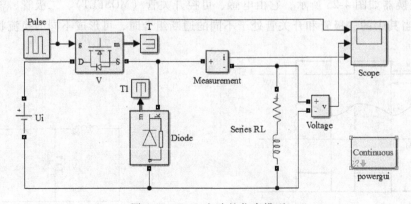

图 4-28 Buck 电路的仿真模型

Buck 电路的仿真波形如图 4-29 所示，由上至下分别为驱动信号 u_g、输出电压 u_o 和负载电流 i_d。

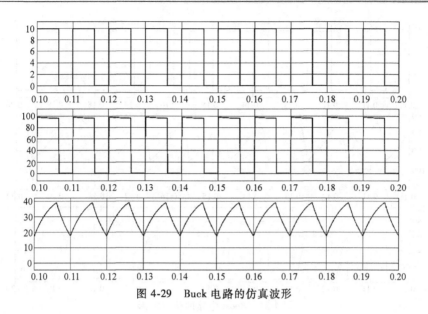

图 4-29　Buck 电路的仿真波形

2. Boost 电路的仿真

Boost 电路的仿真模型如图 4-30 所示。图中直流电源电压设为 100V，负载为带有电容滤波的电阻负载，电阻为 2Ω，电容为 330μF，电感为 0.01H。触发环节产生的驱动信号的频率为 100Hz，占空比为 60%。仿真时间设置为 0.2s，选取 0.1~0.2s 时的稳态波形。

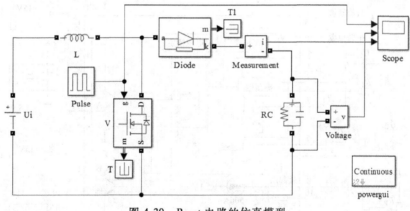

图 4-30　Boost 电路的仿真模型

Boost 电路的仿真波形如图 4-31 所示，由上至下分别为驱动信号 u_g、输出电压 u_o 和负载电流 i_d。

五、实验设备及仪器

1）教学实验台主控制屏。

2）NMCL-16 组件。

3）可调电阻盘。

4）万用表。

5）双踪示波器。

6）2A 直流安培表。

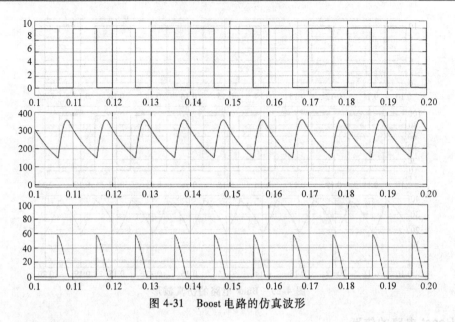

图 4-31　Boost 电路的仿真波形

六、实验电路

SG3525 芯片（PWM 发生器）接线图如图 4-32 所示，直流斩波电路的接线图如图 4-33 所示。

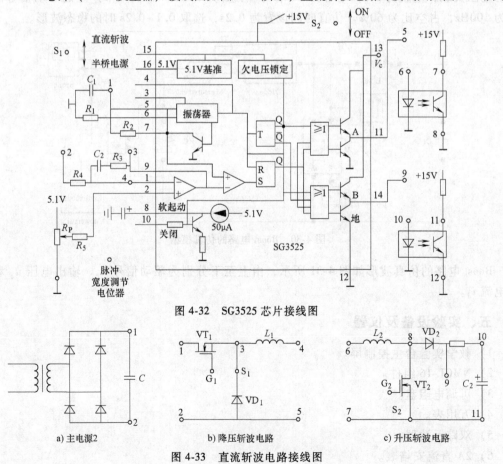

图 4-32　SG3525 芯片接线图

a) 主电源2　　　b) 降压斩波电路　　　c) 升压斩波电路

图 4-33　直流斩波电路接线图

七、实验方法

1. SG3525 芯片的调试

将开关 S_1 打向"直流斩波"侧，电源开关 S_2 打向"ON"，将"3"端和"4"端用导线短接，用示波器观察"1"端的输出电压波形应为锯齿波，并记录其波形的频率和幅值。

将开关 S_2 打向"OFF"，用导线分别连接"5""6""9"端，用示波器观察"5"端波形，并记录其波形、频率、幅度，调节"脉冲宽度调节"电位器，记录其最大和最小占空比。

2. 直流斩波电路实验步骤

1) 切断 MCL-16 主电源，分别将"主电源2"的"1"端和"直流斩波电路"的"1"端相连，"主电源2"的"2"端和"直流斩波电路"的"2"端相连，将"PWM 波形发生器"的"7""8"端分别和直流斩波电路 VT_1 的 G_1、S_1 端相连，"直流斩波电路"的"4""5"端分别串联可调电阻箱（顺时针旋转调至阻值最大）和直流安培表（将量程切换到 2A 档）。

2) 检查接线正确后，接通控制电路和主电路的电源（注意：先接通控制电路电源后接通主电路电源），改变脉冲占空比，每改变一次，分别观察 PWM 信号的波形、MOSFET 的栅源电压波形、输出电压 u_o 波形、输出电流 i_o 波形，记录 PWM 信号占空比 D 和 u_i、u_o 的平均值 U_i、U_o。

3) 改变负载 R 的值（注意：负载电流不能超过 1A），重复上述内容 2。

4) 切断主电路电源，断开"主电源2"和"降压斩波电路"的连接，断开"PWM 波形发生"与 VT_1 的连接，分别将"直流斩波电路"的"6"和"主电源2"的"1"相连，"直流斩波电路"的"7"和"主电源2"的"2"端相连，将 VT_2 的 G_2、S_2 分别接至"PWM 波形发生"的"7""8"端，直流斩波电路的"10""11"端，分别串联可调电阻箱和直流安培表（将量程切换到 2A 挡）。

检查接线正确后，接通主电路和控制电路的电源。改变脉冲占空比 D，每改变一次，分别观察 PWM 信号的波形、MOSFET 的栅源电压波形、输出电压 u_o 波形、输出电流 i_o 波形，记录 PWM 信号占空比 D 和 u_i、u_o 的平均值 U_i、U_o。

5) 改变负载 R 的值（注意：负载电流不能超过 1A），重复步骤 4。

6) 实验完成后，断开主电路电源，拆除所有导线。

3. 注意事项

1) "主电路电源2"的实验输出电压为 15V，输出电流为 1A。当改变负载电路时，注意 R 值不可过小，否则电流太大，有可能烧毁电源内部的熔丝。

2) 实验过程当中先加控制信号，后加"主电路电源2"。

3) 做升压实验时，注意"PWM 波形发生器"的"S_1"一定要打在"直流斩波"，如果打在"半桥电源"极易烧毁"主电路电源2"内部的熔丝。

八、思考题

1) 分析 SG3525 芯片产生 PWM 波形的原理。

2) 降压斩波电路中，根据在某一占空比 D 下记录的数据和波形图，绘制降压斩波电路的 U_i/U_o-D 曲线，与理论分析结果进行比较，讨论产生差异的原因。

4.4 半桥型直流稳压电路

一、实验目的

1）熟悉主电路的组成和相关特性。

2）熟悉 PWM 控制电路的原理和常用集成电路、驱动电路的原理和典型的电路结构。

3）掌握 Simulink 元件模块的选择与系统仿真。

4）掌握直流斩波电路的相关性能。

二、实验内容

1）回顾半桥型直流稳压电路的电路拓扑与工作原理并完成 Simulink 仿真（课前）。

2）调试 SG3525 芯片并观察其输出波形和半桥电路的工作波形（课内）。

3）完成仿真报告与实验报告（课后）。

三、实验原理

与直流斩波电路相比，半桥型直流稳压电路中增加了变压器（交流环节），属于带隔离的 DC-DC 变流电路。常用作各种工业用电源、计算机电源等，具有开关少、成本低的优点。其拓扑结构如图 4-34 所示。

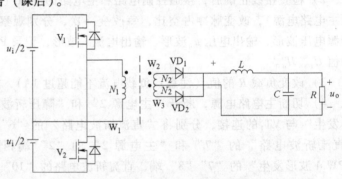

图 4-34 半桥型直流稳压电路的拓扑结构

变压器一次侧有上下两个桥臂 V_1 和 V_2，两者交替导通可以使得变压器绕组 W_1 两端形成幅值为 $u_i/2$ 的交流电。当 V_1 导通时，V_2 两端承受的电压为 u_i，W_1 两端电压上正下负，与其耦合的绕组 W_2 和 W_3 也是上正下负，故 VD_1 导通，VD_2 关断，电感电流上升。同理，当 V_2 导通时，V_1 两端承受的电压为 u_i，VD_2 导通，VD_1 关断，电感电流上升。当 V_1 和 V_2 均关断时，两者分别承受 $u_i/2$ 的电压，变压器绕组 W_1 中电流为 0，绕组 W_2 和 W_3 中的电流大小相等方向相反，此时，VD_1 和 VD_2 均导通，电感电流逐渐下降。电路的工作波形如图 4-35 所示。

为了避免在换流过程中，上下两个桥臂出现短暂的同时导通而造成短路的现象，每个开关的占空比不得超过 50%，并应留出裕量。

当滤波电感 L 较大时，负载电流连续，$\dfrac{u_o}{u_i} = \dfrac{N_2}{N_1}\alpha$，

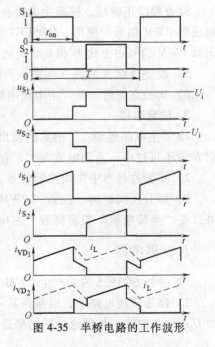

图 4-35 半桥电路的工作波形

其中 α 为两个开关的导通占空比。

四、电路仿真与仿真结果

半桥型电路仿真模型如图 4-36 所示。图中两个直流电源电压均设置为 100V，负载为带 LC 滤波的电阻负载，电阻为 2Ω，电感为 1mH，电容为 $1\mu F$。变压器的电压比设置为 $2:1:1$。两个触发环节产生的驱动信号的频率均为 1kHz，占空比为 40%，且 P2 比 P1 延迟 0.5ms。仿真时间设置为 10ms，选取 2~10ms 时的稳态波形。

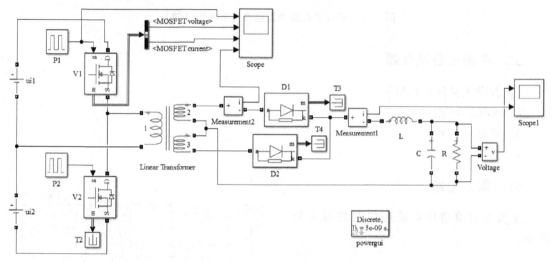

图 4-36　半桥型直流稳压电路仿真模型

仿真波形如图 4-37 所示，其中图 4-37a 波形由上至下分别为 V_1 驱动信号 u_{g1}、V_1 两端的电压 u_{V1}、流过 V_1 的电流 i_{V1} 和流过 VD_1 的电流 i_{VD1}；图 4-37b 波形由上至下分别为流过电感 L 的电流 i_L 和输出电压 u_o。

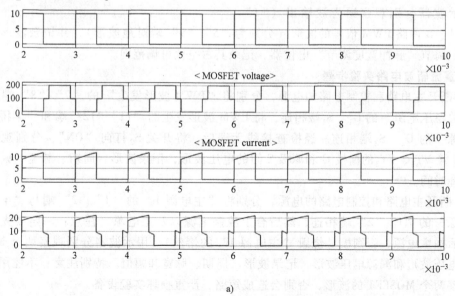

a)

图 4-37　半桥型直流稳压电路仿真波形

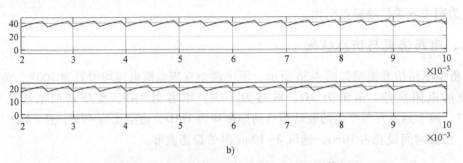

b)

图 4-37 半桥型直流稳压电路仿真波形（续）

五、实验设备及仪器

1）教学实验台主控制屏。

2）NMCL-16 组件。

3）双踪示波器。

4）万用表。

六、实验电路

半桥型直流稳压电路接线图如图 4-38 所示。

七、实验方法

1. SG3525 芯片的调试

将开关 S_1 打向"半桥电源"，分别连接

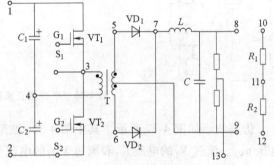

图 4-38 半桥型直流稳压电路接线图

"5""6"端，"9""10"端以及"3""4"端，用示波器分别观察锯齿波输出（"1"端）和 A、B 两路 PWM 信号的波形（分别为"5""9"端对地波形），并记录波形、频率和幅值。调节"脉冲宽度调节"电位器，记录其占空比可调范围。

2. 直流斩波电路实验步骤

1）断开主电路和控制电路的电源，分别将"PWM 波形发生"的"7""8"端和"半桥型开关稳压电源"的 G_1、S_1 端相连，将 PWM 波形发生的"11""12"端和"半桥型开关稳压电源"的 G_2、S_2 端相连。经检查接线无误后，将开关 S_2 打向"ON"，分别观察两个 MOSFET 管 VT_1、VT_2 的栅极 G 和源极 S 间的电压波形，记录波形、周期、脉宽、幅值及上升、下降时间。

2）断开主电路和控制电路的电源，分别将"主电源1"的"1""2"端与"半桥开关稳压电源"的"1""2"端相连，然后合上控制电源以及主电源（注意：一定要先加控制信号，后加主电源，否则极易烧毁"主电源1"的熔丝）。用示波器分别观察两个 MOSFET 的栅源电压波形和漏源电压波形，记录波形、周期、脉宽和幅值。特别注意：不能用示波器同时观察两个 MOSFET 的波形，否则会造成短路，严重损坏实验设备。

3）分别将"半桥型开关稳压电源"的"8""10"端相连，"9""12"端相连（负载电阻

为 33Ω），记录输出整流二极管阳极和阴极间的电压波形（"5" "7" 端之间以及 "6" "7" 端之间），记录波形、周期、脉宽以及幅值，观察输出电源电压 u_o 中的波形（"12" "10" 端之间），记录波形、幅值，并观察主电路中变压器 T 的一次电压波形（"3" "4" 端）以及二次电压波形（"5" "9" 端之间，"6" "9" 端之间），记录波形、周期、脉宽和幅值。

4）断开 "9" 端和 "12" 端间的连线，连接 "9" "11" 端（负载电阻为 3Ω），重复步骤 3 的实验内容。

特别注意：用示波器同时观察两个二极管电压波形时，要注意示波器探头的共地问题，否则会造成短路，并严重损坏实验装置。

5）断开 "PWM 波形发生" 的 "3" 端和 "4" 端间的连线，将 "半桥型开关稳压电源" 的 "13" 端连至 "半桥型稳压电源" 的 "2" 端，并将 "半桥型稳压电源" 的 "9" 端和 "PWM 波形发生" 的地端相连，调节 "脉冲宽度调节" 电位器，使 "半桥型开关稳压电源" 的输出端（"8" "9" 端之间）电压为 5V，然后断开 "9" 端和 "11" 端之间的连线，连接 "9" "12" 端（负载电阻改变至 33Ω），测量输出电压 u_2 的值，计算负载调整率。

3. 注意事项

1）"半桥型开关稳压电源" 接好连线后，一定要先加控制信号，然后接通主电源。

2）做闭环稳压实验的时候一定要断开 "PWM 波形发生" 的 "3" 端和 "4" 端间的连线。

八、思考题

1）根据记录的变压器一次侧和二次侧电压波形，计算变压器变化。

2）若用示波器同时观察两个 MOSFET 漏源电压的波形会导致什么后果？

4.5 单相交-直-交变频电路 ◀◀◀

一、实验目的

1）熟悉主电路的组成和相关特性，重点熟悉其中的单相桥式 SPWM 逆变电路中元器件的作用以及工作原理。

2）掌握 Simulink 元件模块的选择与系统仿真。

二、实验内容

1）回顾单相交-直-交变频电路的电路拓扑与工作原理并完成 Simulink 仿真（课前）。

2）测量 SPWM 产生过程中的各点波形并观察变频电路驱动电机时的工作情况和输出波形（课内）。

3）完成仿真报告与实验报告（课后）。

三、实验原理

1. 单相交-直-交变频电路

单相交-直-交变频电路是一种间接（中间有直流环节）的变频电路，由含电容滤波的三相不可控整流电路和单相电压型逆变电路组成。其拓扑结构如图 4-39 所示。

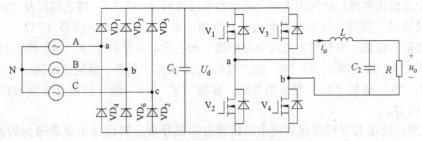

图 4-39　单相交-直-交变频电路

三相交流电由三相桥式不可控整流电路（相当于 $\alpha = 0°$ 的三相桥式全控整流电路）整流后，经电容滤波产生的直流电进行全桥逆变。

逆变电路工作时，上下两个桥臂交替导通，即在输出电压 u_o 的正半周，令 V_1 导通、V_2 关断、V_3 和 V_4 交替通断；在输出电压 u_o 的负半周，令 V_2 导通、V_1 关断、V_3 和 V_4 交替通断。如图 4-40 是其工作波形。在 t_1 时刻之前，V_1、V_4 导通，负载电压 u_o 等于整流输出电压 U_d；到 t_1 时刻，给 V_4 关断信号、V_3 导通信号，则 V_4 将立即关断，由于电感电流 i_o 不能突变，故 V_3 的寄生二极管导通续流，此时 $u_o = 0$；到 t_2 时刻，给 V_1 关断信号、V_2 导通信号，则 V_1 将立即关断，因 i_o 不能突变，故 V_2 的寄生二极管导通续流；当 i_o 过零反向时，V_2、V_3 导通，两个续流二极管

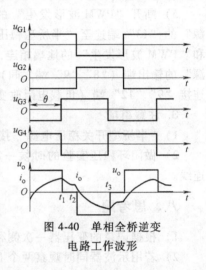

图 4-40　单相全桥逆变
电路工作波形

截止，此时 $u_o = -U_d$；到 t_3 时刻，给 V_3 关断信号、V_4 导通信号，因 i_o 不能突变，故 V_4 的寄生二极管导通续流，此时 $u_o = 0$。

2. PWM 控制的基本原理

PWM 控制就是对脉冲的宽度进行调制的技术，即通过对一系列脉冲宽度进行调制，来等效地获得所需要波形（含形状和幅值）。PWM 控制技术的重要理论基础是面积等效原理。如图 4-41 所示，用 PWM 波代替正弦波时，将正弦半波看作是由 N 个彼此相连的脉冲宽度为 π/N，幅值是曲线且大小按正弦规律变化的脉冲序列组成的，把这些脉冲序列利用相同数量的等幅而不等宽的矩形脉冲代替，使矩形脉冲的中点和相应正弦波部分的中点重合，且使矩形脉冲和相应的正弦波部分面积相等，即得到 PWM 波（正弦负半周类同），也称为 SPWM 波。

把希望输出的波形作为调制信号，把接受调制的信号作为载波，通过信号波的调制得到所期望的 PWM 波形，这就是 PWM 控制技术的核心思想。通常采用等腰三角波或锯齿波作为载波，其中等腰三角波应用最多。

PWM 控制技术在逆变电路中的应用十分广泛，对于单相桥式逆变电路，一般采用单极性 PWM 控制方式。如图 4-42所示，即调制信号 u_r 为正弦波，载波 u_c 在 u_r 的正半周为

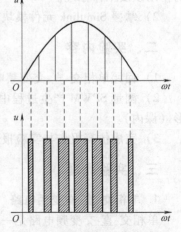

图 4-41　用 PWM 波代替正弦

正极性的三角波，在 u_r 的负半周为负极性的三角波。

在 u_r 的正半周，V_1 保持通态，V_2 保持断态。当 $u_r > u_c$ 时，使 V_4 导通、V_3 关断，$u_o = U_d$；当 $u_r < u_c$ 时，使 V_4 关断、V_3 导通，$u_o = 0$。在 u_r 的负半周，V_1 保持断态，V_2 保持通态。当 $u_r < u_c$ 时，使 V_4 关断、V_3 导通，$u_o = -U_d$；当 $u_r > u_c$ 时，使 V_4 导通、V_3 关断，$u_o = 0$。通过改变调制信号 u_r 的周期和频率，即可改变输出电压。

3. LC 滤波参数设计

图 4-39 中右侧部分为 LC 滤波电路，其功能是滤掉电路中的高次谐波，保留基波。因此其转折频率

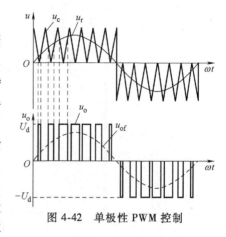

图 4-42　单极性 PWM 控制

$f_c = 1/(2\pi\sqrt{LC_2})$ 应满足：$50\mathrm{Hz} < f_c < 5\mathrm{kHz}$，可选择 $L = 1\mathrm{mH}$，$C_2 = 10\mu\mathrm{F}$。

四、电路仿真与仿真结果

单相交-直-交变频电路的仿真模型如图 4-43 所示。图中直流电源电压设为 100V，负载为电阻/阻感负载，电阻为 10Ω，电感为 $2\mathrm{mH}$，滤波电容 C_1 为 $10\mathrm{mF}$，C_2 为 $100\mu\mathrm{F}$。驱动电路部分采用 "Signal Generator" 环节产生的正弦波调制信号，幅值设置为 1V，频率设置为 50Hz，将此正弦波与 0 给定比较产生 V_1 和 V_2 的驱动信号。正弦波信号通过 "Sign" 环节与频率为 5kHz 的三角波相乘后再与原正弦波信号进行比较，产生 V_3 和 V_4 的驱动信号。仿真时间设置为 0.1s，选取 0.06~0.1s 时的稳态波形。

当全桥逆变器的输出端接阻感负载时，仿真波形如图 4-44a 所示；当全桥逆变器的输出端经滤波电路接电阻负载时，仿真波形如图 4-44b 所示。仿真波形由上至下分别为：载波信号 u_c 和调制信号 u_r、输出电压 u_o 和负载电流 i_o。

五、实验设备及仪器

1）教学实验台主控制屏。
2）直流脉宽调速组件（NMCL-22）。
3）电阻负载组件。
4）万用表。
5）双踪示波器。
6）电感 L。

六、实验电路

单相交-直-交变频电路接线图如图 4-45 所示。

七、实验方法

（1）SPWM 波形的观察
1）观察 "SPWM 波形发生" 电路输出的正弦信号 u_r 波形 "2" 端与（UPW 脉宽调制器 4 脚）地端，改变正弦波频率调节电位器，测试其频率可调范围。

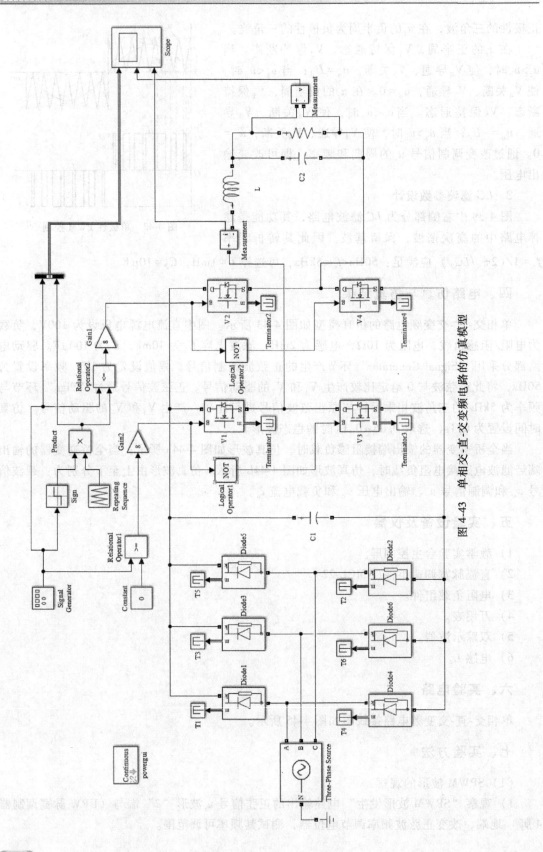

图 4-43 单相交-直-交变频电路的仿真模型

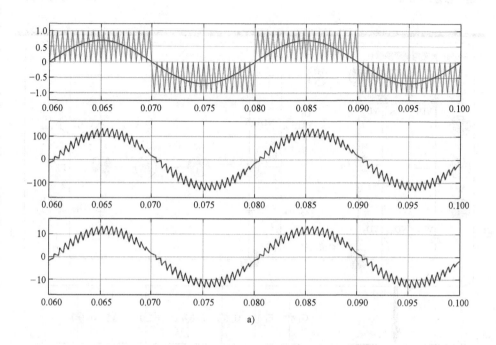

a)

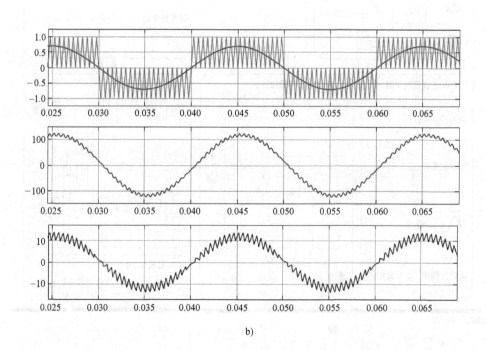

b)

图 4-44 单相交-直-交变频电路仿真波形

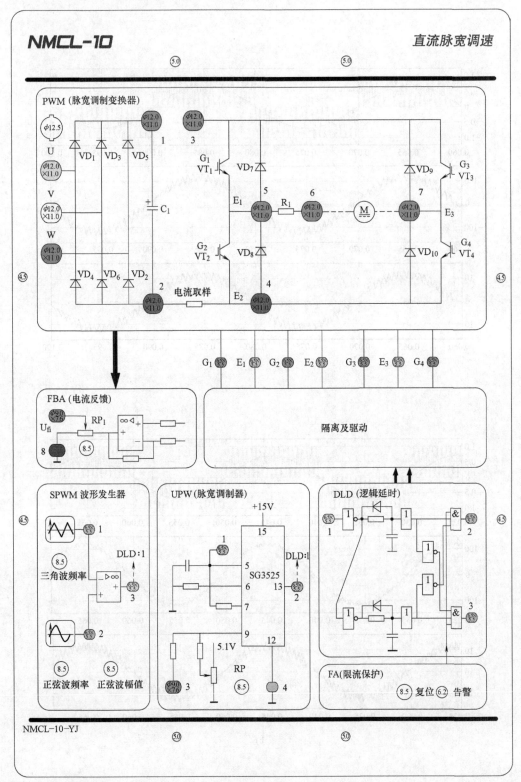

图 4-45 单相交-直-交变频电路接线图

说明：电感 L 需要外接。

2）观察三角形载波 u_c 的波形"1"端与（UPW 脉宽调制器 4 脚）地端，测出其频率，并观察 U_c 和 U_r 的对应关系。

3）观察经过三角波和正弦波比较后得到的 SPWM 波形"3"端与（UPW 脉宽调制器 4 脚）地端。

（2）逻辑延时时间的测试

将"SPWM 波形发生"电路的"3"端与"DLD"的"1"端相连，用双踪示波器同时观察"DLD"的"1""2"端波形，并记录延时时间 T_d。

（3）同一桥臂上下管子驱动信号死区时间测试

用双踪示波器分别同时测量 G_1、E_1 和 G_2、E_2，G_3、E_3 和 G_4、E_2 的死区时间。

（4）不同负载时波形的观察

按图 4-45 接线，先断开控制屏主电源。将三相电源的 U、V、W 接主电路的相应之处，将主电路的"1""3"端相连。

1）当负载为电阻时（"6""7"端接一电阻），观察负载电压的波形，记录其波形、幅值、频率。在正弦波 u_r 的频率可调范围内，改变 u_r 的频率多组，记录相应的负载电压、波形、幅值和频率。

2）当负载为阻感时（"6""8"端相连，"9"端和"7"端接一电阻），观察负载电压和负载电流的波形。

（5）测试在不同的载波比的情况下，逆变波形的变化。

八、思考题

为了使输出尽可能地接近正弦波，可以采取哪些措施？

第3部分

电力电子技术综合
应用实验指导

第 5 章

电力电子技术综合应用教学

⋘⋘⋘

5.1 电力电子技术应用综合实验教学设计

电力电子电路按照输入输出能量形式可以划分为四种类型，即 AC-DC 整流电路、DC-DC 变换电路、DC-AC 逆变电路、AC-AC 变换电路。具体根据实际应用需求又可以衍生出各种各样的拓扑电路，比如高频开关电源、有源电力滤波器（APF）、不间断电源（UPS）、静止无功补偿（SVC）、静止无功发生器（SVG）、高压直流输电（HVDC）等。电力电子技术的应用领域方面，了解电力电子技术在开关电源、电机驱动、新能源发电、电动汽车、电力系统等领域的主要作用，以增加对本学科研究内容的理解，明确学习目标。

为了进一步加强学生们对电力电子系统的认识，有必要设计一些针对电力电子系统应用的综合设计性实验，为高年级本科生开展电力电子课外研究型实验、电力电子技术课程设计、大学生创新训练项目、毕业设计等提供良好的实验教学资源，引导学生们开展电力电子系统的电路硬件设计及闭环控制系统的设计，也可以为研究生提供相应课程的实验教学案例。

为了满足上述要求，同时又根据课程教学大纲、实验室场所及实验运行经费等实际情况，电力电子技术应用综合实验设置的整体原则是：①题目应具有实际意义和电力电子技术应用背景，并考虑到目前教学内容和新技术应用趋势；②题目应能测试学生运用基础知识的能力、实际设计能力和独立工作能力；③学生能够自行设计、完成器件选型及采购、独立搭建；④成本尽量低廉。

全国大学生电子设计竞赛是国内高等院校及学生参与程度最高的一个学科竞赛之一，它的题目设置是经过严格把关的，其中有很多高质量的电源类题目，特别适合高年级本科生开展开放式电力电子技术应用综合实验。学生三人一组任选一道历年全国大学生电子设计竞赛电源类真题，提交电路实物作品及系统设计报告，教师严格按照全国大学生电子设计竞赛实施要求的评分细则对实物作品测试及设计报告打分。采用这种模式极大地提高了学生开展电力电子技术实验的兴趣、热情，让所有学生充分享受开放式实验带来的挑战及快乐。

本书第三部分针对电力电子技术应用综合实验需求，挑选近年全国大学生电子设计竞赛电源类典型竞赛题目，撰写相应的实验指导书，包括：题目解析、题目方案设计、拓扑原理分析、硬件电路设计、电感电容参数设计及闭环控制系统的设计等，并搭建题目的 MATLAB 仿真分析，引导学生完成典型电力电子系统的综合设计。

5.2 全国大学生电子设计竞赛电源类题目分析 <<<

全国大学生电子设计竞赛是教育部高等教育司、工业和信息化部人事教育司共同主办的全国性大学生科技竞赛活动，目的在于按照紧密结合教学实际，着重基础、注重前沿的原则，促进电子信息类专业和课程的建设，引导高等学校在教学中注重培养大学生的创新能力、协作精神；加强学生动手能力的培养和工程实践的训练，提高学生针对实际问题进行电子设计、制作的综合能力；吸引、鼓励广大学生踊跃参加课外科技活动，为优秀人才脱颖而出创造条件。

全国大学生电子设计竞赛命题原则及要求如下：①命题范围，应以电子技术（包括模拟和数字电路）应用设计为主要内容。可以涉及模-数混合电路、单片机、嵌入式系统、DSP、可编程器件、EDA 软件的应用。题目包括"理论设计"和"实际制作与调试"两部分。竞赛题目应具有实际意义和应用背景，并考虑到目前教学内容和新技术应用趋势。②命题要求，竞赛题目应能测试学生运用基础知识的能力、实际设计能力和独立工作能力。题目原则上应包括基本要求部分和发挥部分，从而使绝大多数参赛学生既能在规定时间内完成基本要求部分的设计工作，又能便于优秀学生发挥与创新。命题应充分考虑竞赛评审的操作性。

全国大学生电子设计竞赛题目类型大致可以归纳为：电源类、信号源类、高频无线电类、放大器类、仪器仪表类、数据采集与处理类和控制类。电源类题目具有实用性强、综合性强、技术水平发挥余地大等特点。回顾历届电源类的题目可以看出，其难度逐届增加，设计要求也越来越高。特别从 2009 年开始，电源类题目已不限于设计一个普通的常用电源，"光伏并网发电模拟装置""电能收集充电器""开关电源模块并联供电系统""单相 AC-DC 变换电路"及"双向 DC-DC 变换器"等题目都涉及目前电源技术发展的热点，也是今后电源类题目出题的方向——新能源、新技术。例如："光伏并网发电模拟装置"就涉及最大功率点跟踪（MPPT）技术和频率跟踪技术；"电能收集充电器"涉及智能化充电技术；"开关电源模块并联供电系统"涉及并联均流控制技术；"单相 AC-DC 变换电路"涉及功率因数校正技术；"双向 DC-DC 变换器"涉及电池储能及转化技术。这些电源技术都是近些年业界研究的热点，要想实现这些技术，需要具有较高的软硬件设计水平和较好的算法设计基础。

电源类赛题的主要知识点包括：①各种变换器拓扑的工作原理，AC-DC、DC-DC、DC-AD、AC-AC 等变换器系统结构和电路的组成；②功率器件的选型分析；③高频变压器、电感的设计与制作；④Buck、Boost、半桥等驱动电路设计与制作；⑤直流电流电压、交流电流电压的检测电路设计与制作；⑥过电流和过电压保护电路设计与制作；⑦ADC 和 DAC 电路设计与制作；⑧闭环控制器的设计、模拟 PI 及数字 PI 技术的实现；⑨单片机、DSP 最小系统电路设计与制作；⑩控制器外围电路（显示器、键盘等）的设计与制作；⑪开关电源测试规范及主要技术指标。

第6章

全国大学生电子设计竞赛电源类题目的仿真研究

◀◀◀

6.1 双向 DC-DC 变换器

（题目来源：2015 年全国大学生电子设计竞赛 A 题）

一、题目要求

设计并制作用于电池储能装置的双向 DC-DC 变换器，实现电池的充放电功能。功能可由按键设定，亦可自动转换。电池储能装置结构框图如图 6-1 所示，图中除直流稳压电源外，其他器件均需自备。电池组由 5 节 18650 型、容量 2000~3000mA·h 的锂离子电池串联组成。所用电阻阻值误差的绝对值不大于 5%。

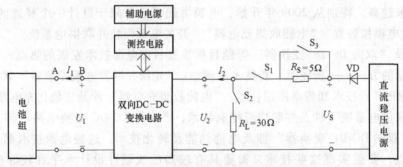

图 6-1 电池储能装置结构框图

1. 基本要求

接通 S_1、S_3，断开 S_2，将装置设定为充电模式。

1）$U_2 = 30V$ 条件下，实现对电池恒流充电。充电电流 I_1 在 1~2A 范围内步进可调，步进值不大于 0.1A，电流控制精度不低于 5%。

2）设定 $I_1 = 2A$，调整直流稳压电源输出电压，使 U_2 在 24~36V 范围内变化时，要求充电电流 I_1 的变化率不大于 1%。

3）设定 $I_1 = 2A$，在 $U_2 = 30V$ 条件下，变换器的效率 $\eta_1 \geq 90\%$。

4）测量并显示充电电流 I_1，在 $I_1 = 1~2A$ 范围内测量精度不低于 2%。

5）具有过充保护功能：设定 $I_1 = 2A$，当 U_1 超过阈值 $U_{1th} = (24 \pm 0.5)V$ 时，停止充电。

2. 发挥部分

1）断开 S_1、接通 S_2，将装置设定为放电模式，保持 $U_2 = (30\pm0.5)$V，此时变换器效率 $\eta_2 \geq 95\%$。

2）接通 S_1、S_2，断开 S_3，调整直流稳压电源输出电压，使 U_S 在 32 ~ 38V 范围内变化时，双向 DC-DC 变换电路能够自动转换工作模式并保持 $U_2 = (30\pm0.5)$V。

3）在满足要求的前提下简化结构、减轻重量，使双向 DC-DC 变换器、测控电路与辅助电源三部分的总重量不大于 500g。

4）其他。

3. 说明

1）要求采用带保护板的电池，使用前认真阅读所用电池的技术资料，学会估算电池的荷电状态，保证电池全过程的使用安全。

2）电池组不需封装在作品内，测试时自行携带至测试场地；测试前电池初始状态由参赛队员自定，测试过程中不允许更换电池。

3）基本要求 1）中电流控制精度的定义为：$e_{ic} = \left| \dfrac{I_1 - I_{10}}{I_{10}} \right| \times 100\%$，其中，$I_1$ 为实际电流；I_{10} 为设定值。

4）基本要求 2）中电流变化率的计算方法为：设 $U_2 = 36$V 时，充电电流值为 I_{11}；$U_2 = 30$V 时，充电电流值为 I_1；$U_2 = 24$V 时，充电电流值为 I_{12}，则 $S_{I_1} = \left| \dfrac{I_{11} - I_{12}}{I_1} \right| \times 100\%$。

5）DC-DC 变换器效率 $\eta_1 = \left| \dfrac{P_1}{P_2} \right| \times 100\%$，$\eta_2 = \left| \dfrac{P_2}{P_1} \right| \times 100\%$，其中，$P_1 = U_1 I_1$，$P_2 = U_2 I_2$。

6）辅助电源需自制或自备，可由直流稳压电源（U_S 处）或工频电源（220V）为其供电。

7）作品应能连续安全工作足够长时间，测试期间不能出现过热等故障。

8）制作时应合理设置测试点（参考图 6-1），以方便测试；为方便测重，应能较方便地将双向 DC-DC 变换器、测控电路与辅助电源三部分与其他部分分开。

二、实验内容

1）回顾 Buck、Boost 变换器的电路拓扑与工作原理，理解并掌握双向 DC-DC 变换器的工作原理。

2）设计一个双向 DC-DC 变换器的 Simulink 模型并进行仿真。具体要求如下：

① Buck 功能实现：在输入电压为 24 ~ 36V 范围内变化时，保持流过电池组的电流为 2A，且变化率不大于 1%。

② Boost 功能实现：电池组作为输入，30Ω 电阻作为负载，保持其两端的电压为 (30 ± 0.5)V。

③ 在该变换器中按照如图 6-1 所示增加两个电阻，要求当 U_S 在 32 ~ 38V 范围内变化时，保持 $U_2 = (30\pm0.5)$V，且双向 DC-DC 变换电路能够自动转换工作模式。

3）完成仿真报告。

三、实验原理

1. 双向 DC-DC 变换器工作原理

由于 MOSFET 并联寄生二极管的存在，结合 Buck、Boost 变换器的工作原理，可设计如图 6-2 所示的双向 Buck-Boost DC-DC 变换器，其中开关管 V_1 和 V_2 按互补的方式工作。

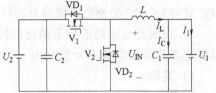

图 6-2 双向 Buck-Boost DC-DC 变换器

当 U_2 作为输入端，U_1 作为输出端时，能量从 U_2 侧向 U_1 侧流动，该变换器工作在降压模式。此时 V_1 由 PWM 驱动、V_2 关断，电感中的电流由左向右流动。当 V_1 导通时，等效电路如图 6-3a 所示；当 V_1 关断时，由于电感电流不能突变，此时 V_2 的寄生二极管 VD_2 导通，等效电路如图 6-3b 所示。

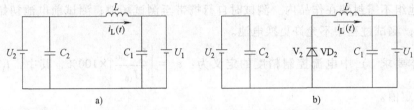

图 6-3 双向 DC-DC 变换器降压模式等效电路

当 U_1 作为输入端，U_2 作为输出端时，能量从 U_1 侧向 U_2 侧流动，该变换器工作在升压模式。此时 V_1 关断、V_2 由 PWM 驱动，电感中的电流由右向左流动。当 V_2 导通时，等效电路如图 6-4a 所示；当 V_2 关断时，由于电感电流不能突变，此时 V_1 的寄生二极管 VD_1 导通，等效电路如图 6-4b 所示。

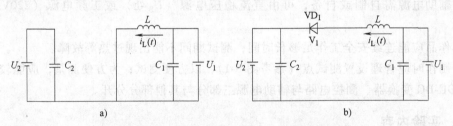

图 6-4 双向 DC-DC 变换器升压模式等效电路

无论电路工作在升压模式还是降压模式，其输出电压均取决于 MOSFET 的导通占空比。如图 6-5 所示，采用由一个三角载波与一个常数比较后获得的 PWM 波作为 MOSFET 的驱动信号，通过控制常数的大小即可改变占空比，从而改变变换器的输出。

2. PI 闭环控制原理

DC-DC 变换器在应用过程中，通常希望被控制量（即输出量）能够保持为恒定值或按照某种要求的规律运行，这就需要将被控量反馈后与给定量进行

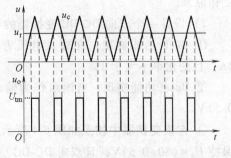

图 6-5 PWM 控制波形

比较，根据比较得到的差值按照一定的控制策略施加相应的控制作用。根据偏差的比例（P）、积分（I）进行控制（简称 PI 控制），是控制系统中应用最为广泛的一种控制规律。模拟PI 控制规律为

$$u(t) = k_p e(t) + k_i \int_0^t e(t)\,\mathrm{d}t$$

其拉普拉斯变换为

$$u(s) = \left(k_p + \frac{k_i}{s} \right) e(s)$$

式中，k_p 为比例增益；k_i 为积分系数；u 为被控量；e 为偏差。

在 PI 控制中，比例控制能迅速反应误差，从而减少误差，但比例控制不能消除静态误差，k_p 的加大会引起系统不稳定；积分控制的作用是：只要系统存在误差，积分控制作用就不断地累积，输出控制量以消除误差。因此只要有足够的时间，积分控制将完全消除误差，从而改善系统的动态性能。但积分作用太强会使系统超调加大，甚至使系统出现振荡。

3. 元件参数设计

1）MOSFET 的开关频率设置为 $f = 20\mathrm{kHz}$。

2）若 Buck 电路工作在电流连续状态，则电感 L 由如下公式确定：

$$L \geqslant \frac{U_{\mathrm{omax}}(1 - D_{\mathrm{max1}})}{2kfI_{\mathrm{omax}}}$$

式中，U_{omax} 为最大输出电压，取 $18.5\mathrm{V}$（每节电池 $3.7\mathrm{V}$）；D_{max1} 为最大占空比，取 $18.5/24$；常数 k 一般取 $0.05 \sim 0.1$，这里可取 0.08；I_{omax} 为最大输出电流，根据题中要求取为 $2\mathrm{A}$。由此可以计算出电感 $L \geqslant 0.67\mathrm{mH}$。

若 Boost 电路工作在电流连续状态，则电感 L 由如下公式确定：

$$L \geqslant \frac{D_{\mathrm{max2}} U_{\mathrm{omax}}(1 - D_{\mathrm{max2}})^2}{2fI_{\mathrm{omax}}}$$

式中，D_{max2} 为最大占空比，取 $(30.5 - 18.5)/30.5$；U_{omax} 为最大输出电压，取 $30.5\mathrm{V}$；I_{omax} 为最大输出电流，根据题中要求取为 $2\mathrm{A}$。由此可以计算出电感 $L \geqslant 55.3\mu\mathrm{H}$。

实际电感值可选为 $2 \sim 3$ 倍的临界电感值，综合上述情况，这里取 $L = 1.5\mathrm{mH}$。

3）电容 C_1 可根据降压模式下输出纹波 ΔU_o 的要求进行选择，公式为

$$C \geqslant \frac{(1 - D_{\mathrm{max1}}) U_o}{8\Delta U_o L f^2}$$

其中，$\Delta U_o \leqslant 1\mathrm{V}$，经计算，电容 $C \geqslant 1.44\mu\mathrm{F}$。为了输出更小的电压纹波，可选取约 10 倍的临界值，这里取 $C_1 = 10\mu\mathrm{F}$。

电容 C_2 可根据升压模式下输出纹波 ΔU_o 的要求进行选择，公式为

$$C_2 \geqslant \frac{I_{\mathrm{omax}} D_{\mathrm{max2}}}{\Delta U_o f}$$

其中，$\Delta U_o \leqslant 1\mathrm{V}$，经计算，电容 $C_2 \geqslant 0.39\mathrm{mF}$。为了输出更小的电压纹波，可选取约 10 倍的临界值，这里取 $C_2 = 3\mathrm{mF}$。

4. 闭环控制器的设计

（1）恒流输出的 Buck 变换器闭环设计

如图 6-2 所示，由于题设要求恒压电源 U_2（24V~36V 范围内可调）向锂电池 U_1 恒流（2A）充电，因此需要采集输出电流和 2A 的给定作比较后经过 PI 控制器控制 PWM 常数调制波的大小，进而控制 V_1 的通断，通过合理设计控制器参数即可稳定输出电流。需要注意的是，整个过程中要始终保持 V_2 截止。由图 6-2 可得

$$L\frac{dI_L}{dt} = U_{IN} - U_1 = \alpha U_2 - U_1 = \frac{u_r}{u_c}U_2 - U_1$$

即

$$I_1 \approx I_L = \frac{1}{sL}\left(\frac{u_r}{u_c}U_2 - U_1\right)$$

式中，α 为导通占空比；u_r 为常数调制波的幅值；u_c 为三角载波的幅值。

根据上式可绘制如图 6-6 所示虚线框内的结构框图，采用 PI 控制器，设计闭环回路，其参数设为 $k_p + k_i/s$。图中为了消除该闭环回路输出电压 U_1 的扰动，加入了一个前馈部分。

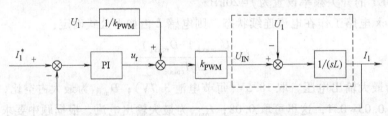

图 6-6　恒流输出的 Buck 变换器闭环结构框图

图中，$k_{PWM} = U_2/u_c$，$U_2 = 30V$，$u_c = 1V$。

此时，该闭环结构的传递函数为

$$G_1(s) = \frac{I_1}{I_1^*} = \frac{k_{PWM}(k_p s + k_i)}{s^2 L + k_{PWM}(k_p s + k_i)}$$

（2）恒压输出的 Boost 变换器闭环设计

用一个 30Ω 的电阻替换图 6-2 中的 U_2，锂电池组作为 U_1，使之构成一个 Boost 升压电路。由于题设要求稳定输出电压为 30V，因此需要采集输出电压和 30V 的给定值作比较后经过 PI 控制器控制 PWM 常数调制波的大小，进而控制 V_2 的通断，通过合理设计控制器参数即可稳定输出电压。需要注意的是，整个过程中要始终保持 V_1 截止。

根据 Boost 电路的交流小信号模型可得输入占空比 d 与输出电压 U_2 的传递函数为

$$G(s) = \frac{\tilde{U}_2}{\tilde{d}} = \frac{DU_2[1 - sL/(D^2 R)]}{LC_2 s^2 + sL/R + D^2} = \frac{11.5(1 - 3.3 \times 10^{-4} s)}{4.5 \times 10^{-6} s^2 + 5 \times 10^{-5} s + 0.15}$$

根据上式可绘制图 6-7 所示虚线框内的结构框图，采用 PI 控制器，设计闭环回路，其参数设为 $k_p + k_i/s$。

（3）双闭环双向 DC-DC 变换器的设计

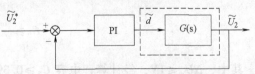

图 6-7　恒压输出的 Boost 变换器闭环结构框图

电路如图 6-8 所示，题设要求当 U_S 在 $32\sim38V$ 范围内变化时，保持输出电压 U_2 稳定在 $30V$，且双向 DC-DC 变换电路能够自动转换工作模式，下面进行分析：

1）若 $U_2 = 30V$，$U_S = 35V$，则 $I_0 = 1A$，$I_2 = 0$。

2）若 $U_2 = 30V$，$U_S < 35V$，则 $I_0 = 1A$，$I_2 < 0$，电路处于 Boost 变换器状态，电池组工作在放电状态。

3）若 $U_2 = 30V$，$U_S > 35V$，则 $I_0 = 1A$，$I_2 > 0$，电路处于 Buck 变换器状态，电池组工作在充电状态。

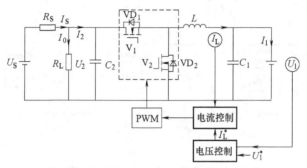

图 6-8　双闭环双向 DC-DC 变换器电路

显然可以根据 I_2 的方向设定电路的工作状态。采用双闭环结构：外环为电压环，用以调整输出电压使之跟随给定；内环为电流环，用以使电流的输出快速跟随输入。电流内环采用 P 控制器，满足快速性的要求，电压外环采用 PI 控制器，满足稳定输出的要求。结构框图如图 6-9 所示。

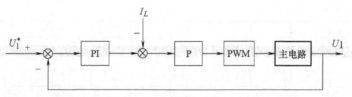

图 6-9　双向 DC-DC 变换器双闭环控制结构框图

四、电路仿真与仿真结果

1. 恒流输出的 Buck 变换器仿真模型与仿真结果

恒流输出的 Buck 变换器仿真模型如图 6-10 所示。给电容 C_2 串联一个 0.01Ω 的电阻 R，避免出现无法仿真的情况。"Battery" 参数选择对话框中，电池类型选为锂电池，额定电压设置为 $18.5V$，额定容量设置为 $15A \cdot h$，初始充电状态设置为 50%；PI 控制器的 P 设置为 100，I 设置为 1；仿真时间设为 $1s$。输入电压分别为 $24V$、$30V$ 和 $36V$ 时，电池的充电电流 I_1 的波形如图 6-11 所示。

2. 恒压输出的 Boost 变换器仿真模型与仿真结果

恒压输出的 Boost 变换器仿真模型如图 6-12 所示。给电容 C_1 串联一个 0.01Ω 的电阻 R，避免出现无法仿真的情况。"Battery" 参数选择对话框中，电池初始充电状态设置为 100%，其余同上；PI 控制器的 P 设置为 0.1，I 设置为 0.1；仿真时间设为 $1s$，选取 $0.5\sim1s$ 内的稳

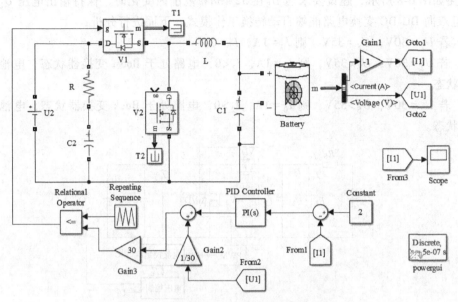

图 6-10　恒流输出的 Buck 变换器仿真模型

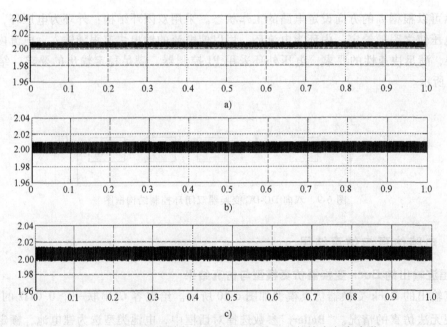

图 6-11　Buck 变换器在不同输入电压情况下的输出电流波形

态波形。输出电压 U_2 的波形如图 6-13 所示。

3. 双闭环双向 DC-DC 变换器仿真模型与仿真结果

双闭环双向 DC-DC 变换器仿真模型如图 6-14 所示。"Battery"参数选择对话框中，电池初始充电状态设置为 50%，其余同上。电流内环的 P 控制器设置为 10，电压外环的 PI 的 P 设置为 1000，I 设置为 1；仿真时间设为 1s，选取 0.2~1s 内的稳态波形。在恒压源 U_S 分别为 32V、35V 和 38V 时，仿真波形如图 6-15 所示。注意：在 U_S 分别为 32V 和 35V 时，

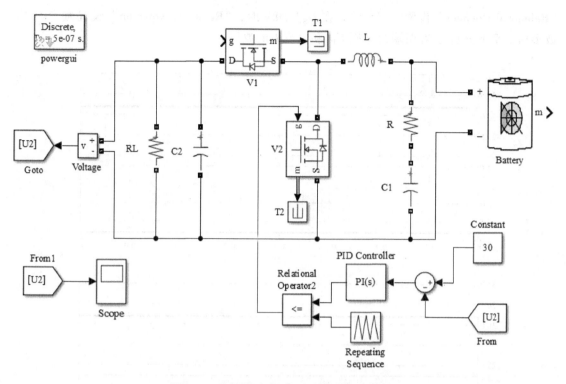

图 6-12　恒压输出的 Boost 变换器仿真模型

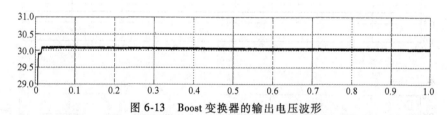

图 6-13　Boost 变换器的输出电压波形

图 6-14　双闭环双向 DC-DC 变换器仿真模型

"Relational Operator" 设置为 ">=";在 U_S 为 38V 时,"Relational Operator" 设置为 "<="。波形由上至下分别为 R_L 两端的电压 U_{RL} 和电流 I_2 的波形。

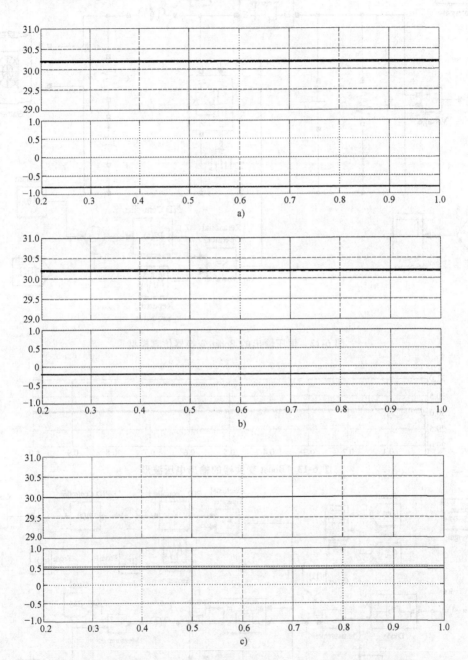

图 6-15　双闭环双向 DC-DC 变换器在不同输入电压情况下的仿真波形

五、思考题

参考《开关变换器建模、控制及其控制器的数字实现》(程红、王聪、王俊主编) 一书,利用小信号模型,建立双向 DC-DC 变换器的开环传递函数模型。

6.2　开关电源模块并联供电系统　◀◀◀

（题目来源：2011 年全国大学生电子设计竞赛 A 题）

一、题目要求

设计并制作一个由两个额定输出功率均为 16W、输出电压均为 8V 的 DC-DC 模块构成的并联供电系统，系统结构如图 6-16 所示。

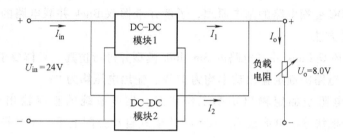

图 6-16　两个 DC-DC 模块并联供电系统主电路示意图

1. 基本要求

1）调整负载电阻至额定输出功率工作状态，供电系统的直流输出电压 $U_o = (8.0 \pm 0.4)$V。

2）额定输出功率工作状态下，供电系统的效率不低于 60%。

3）调整负载电阻，保持输出电压 $U_o = (8.0 \pm 0.4)$V，使两个模块输出电流之和 $I_o = 1.0$A，且按 $I_1 : I_2 = 1 : 1$ 模式自动分配电流，每个模块输出电流的相对误差绝对值不大于 5%。

4）调整负载电阻，保持输出电压 $U_o = (8.0 \pm 0.4)$V，使两个模块输出电流之和 $I_o = 1.5$A，且按 $I_1 : I_2 = 1 : 2$ 模式自动分配电流，每个模块输出电流的相对误差绝对值不大于 5%。

2. 发挥部分

1）调整负载电阻，保持输出电压 $U_o = (8.0 \pm 0.4)$V，使负载电流 I_o 在 1.5~3.5A 之间变化时，两个模块的输出电流可在 0.5~2.0A 范围内按指定的比例自动分配，每个模块的输出电流相对误差的绝对值不大于 2%。

2）调整负载电阻，保持输出电压 $U_o = (8.0 \pm 0.4)$V，使两个模块输出电流之和 $I_o = 4.0$A，且按 $I_1 : I_2 = 1 : 1$ 模式自动分配电流，每个模块的输出电流相对误差的绝对值不大于 2%。

3）额定输出功率工作状态下，进一步提高供电系统效率。

4）具有负载短路保护及自动恢复功能，保护阈值电流为 4.5A（调试时允许有 ±0.2A 的偏差）。

5）其他。

3. 说明

1）不允许使用线性电源及成品的 DC-DC 模块。

2）供电系统含测控电路并由 U_{in} 供电，其能耗纳入系统效率计算。

3）除负载电阻为手动调整以及发挥部分1）由手动设定电流比例外，其他功能的测试过程均不允许手动干预。

4）供电系统应留出 U_{in}、U_o、I_{in}、I_o、I_1、I_2 参数的测试端子，供测试时使用。

5）每项测量需在5s内给出稳定读数。

6）设计制作时，应充分考虑系统散热问题，保证测试过程中系统能连续安全工作。

二、实验内容

1）回顾 DC-DC 变换电路的基本原理，了解并掌握双 Buck 并联电路的电路拓扑、器件选择和双闭环设计方法。

2）建立双闭环双 Buck 并联电路的 Simulink 模型并进行仿真。具体要求如下：

① 两个 Buck 电路的额定输出功率均为 16W、输出电压均为 8V。

② 调整负载电阻至额定输出功率工作状态，供电系统的直流输出电压 $U_o = (8.0 \pm 0.4)$V，并使两个模块输出电流按 $I_1 : I_2 = 1 : 1$ 模式自动分配电流，每个模块输出电流的相对误差绝对值不大于 5%。

③ 调整负载电阻，保持输出电压 $U_o = (8.0 \pm 0.4)$V，使两个模块输出电流之和 $I_o = 1.5$A，且按 $I_1 : I_2 = 1 : 2$ 模式自动分配电流，每个模块输出电流的相对误差绝对值不大于 5%。

3）完成仿真报告。

三、实验原理

1. 双 Buck 并联电路

图 6-17 所示为两个 Buck 电路并联供电的原理图，负载电流由两个 Buck 电路共同提供，相当于两个独立的电流源并联向负载供电。通过分别控制两个 Buck 电路中 MOSFET 的通断，可以实现相关性能指标。

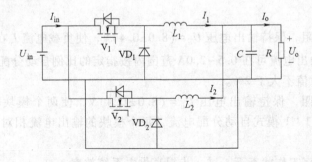

图 6-17　两个 Buck 电路并联供电原理图

2. 元件参数设计

1）MOSFET 的开关频率设置为 $f = 20$kHz。

2）若 Buck 电路工作在电流连续状态，则电感 L 由如下公式确定：

$$L \geq \frac{U_{\text{omax}}(1-D_{\text{max}})}{2kfI_{\text{omax}}}$$

式中，U_{omax} 为最大输出电压，取 8.4V；D_{max} 为最大占空比，取 8.4/24；常数 k 一般取 0.05~0.1，这里取 0.08；I_{omax} 为最大输出电流，根据题中要求取为 2A。

由此可以计算电感 $L \geq 0.86\text{mH}$，实际电感值可选为 2~3 倍的临界电感，这里取 $L = 2\text{mH}$。

3）电容 C 可根据输出纹波 ΔU_{o} 的要求进行选择，公式为

$$C \geq \frac{(1-D_{\text{max}})U_{\text{o}}}{8\Delta U_{\text{o}}Lf^2}$$

其中，$\Delta U_{\text{o}} \leq 0.8\text{V}$。经计算，电容 $C \geq 1.02\mu\text{F}$。为了输出更小的电压纹波，可选取约 10 倍的临界值，这里取 $C = 10\mu\text{F}$。

3. 闭环控制器的设计

由于本题要求双 Buck 并联电路的输出电压为 $(8.0\pm0.4)\text{V}$，且两个 Buck 电路的输出电流之比可调，因此需设计闭环控制器实现上述要求，控制目标应为电压和电流。单个 Buck 电路闭环控制器的结构如图 6-18 所示，输入电压为 U_{in}，输出电压为 U_{o}，其大小由 MOSFET 的导通时间所决定。采用由一个三角载波与一个常数比较后获得的 PWM 波作为 MOSFET 的驱动信号，如图 6-5 所示，通过控制常数即可改变占空比，从而改变输出。闭环控制器采用双闭环结构：外环为电压环，用以调整输出电压使之跟随给定；内环为电流环，用以使电流的输出快速跟随输入。

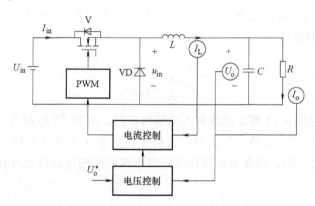

图 6-18　单个 Buck 电路闭环控制器结构图

（1）电流内环的设计

由图 6-18 易得

$$L\frac{\mathrm{d}I_{\text{L}}}{\mathrm{d}t} = u_{\text{in}} - U_{\text{o}} = \frac{t_{\text{on}}}{T}U_{\text{in}} - U_{\text{o}} = \alpha U_{\text{in}} - U_{\text{o}} = \frac{u_{\text{r}}}{u_{\text{c}}}U_{\text{in}} - U_{\text{o}}$$

式中，t_{on} 为一个开关周期内 MOSFET 的导通时间；T 为开关周期；α 为导通占空比；u_{r} 为常数调制波的幅值；u_{c} 为三角载波的幅值。

根据上式可绘制如图 6-19 所示虚线框内的结构框图。为了准确控制电流，应采用 PI 控制器，设计闭环回路，PI 控制器的传递函数为 $k_{\text{ip}} + k_{\text{ii}}/s$。

其中，$k_{\text{PWM}} = U_{\text{in}}/u_{\text{c}}$。

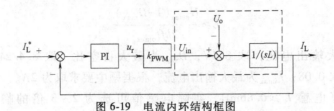

图 6-19 电流内环结构框图

显然，该闭环回路有一输出电压 U_o 扰动，为消除该扰动，可以加入一个前馈部分。修正后的电流内环结构框图如图 6-20 所示。

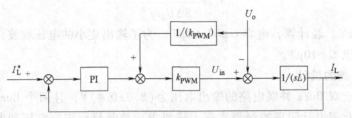

图 6-20 修正后的电流内环结构框图

此时，电流内环的开环传递函数为

$$G_i(s) = \frac{k_{ip} k_{PWM} s + k_{ii} k_{PWM}}{s^2 L}$$

电流内环的截止频率选为开关频率的 5%，即 1000Hz，若令 $U_{tm} = u_c = 1V$，则 $k_{PWM} = 24$。对于 PI 调节器，选择其转折频率为 100Hz，则 $k_{ip} = 0.52$，$k_{ii} = 326.5$。

（2）电压外环的设计

由图 6-18 易得

$$C \frac{dU_o}{dt} = I_L - I_o$$

根据上式可绘制图 6-21 所示虚线框内的结构框图。采用 PI 控制器，设计闭环回路，其传递函数设为 $k_{vp} + k_{vi}/s$。此外，假设电流回路的带宽至少为电压回路带宽的四倍，即电压外环的截止频率为 250Hz，则在分析电压回路时电流回路的传递函数可视为 1。

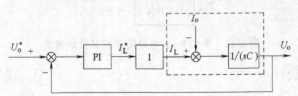

图 6-21 电压外环结构框图

为了抵消负载电流对电压回路的扰动，将负载电流加入电流回路的输入端。修正后的电压外环结构框图如图6-22所示。

此时，电压外环的传递函数为

$$G_u(s) = \frac{U_o}{U_o^*} = \frac{k_{vp} s + k_{vi}}{s^2 C + k_{vp} s + k_{vi}}$$

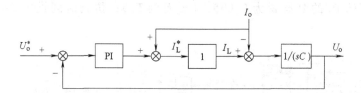

图 6-22　电压外环结构框图

对于 PI 控制器，选择其转折频率为 25Hz，经计算可得 $k_{vp} = 0.035$，$k_{vi} = 5.5$。

（3）双 Buck 并联闭环控制回路的设计

综合上述两个控制回路，可设计图 6-23 所示双闭环 PWM 控制回路。

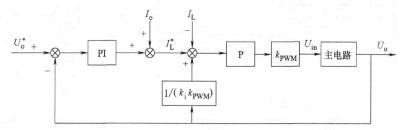

图 6-23　双闭环 PWM 控制回路结构框图

因主电路由两个相同的 Buck 电路并联构成，所以两个 MOSFET 可以采用同一个双闭环回路进行控制。由于题目中还要求两个 Buck 电路的输出电流需满足一定的比例关系，考虑到电流内环的存在，只需设置两个 Buck 电路的电流给定值满足相应的比例关系即可。例如，若要求两个 Buck 电路的输出电流比为 $2:1$，可以将一个的电流给定值设置为另一个的 $1/2$，其结构图如图 6-24 所示。

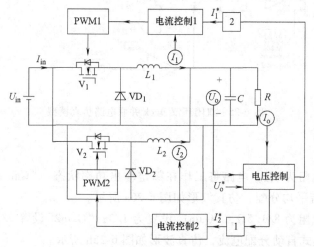

图 6-24　两个 Buck 电路在输出电流 $2:1$ 的条件下并联供电的结构图

四、电路仿真与仿真结果

1. 仿真模型

双闭环双 Buck 并联电路仿真模型如图 6-25 所示。电流内环的 P 控制器的 P 设置为

0.52，电压外环的 PI 的 P 设置为 0.035，I 设置为 5.5；仿真时间设为 2s，选取 0.4~1s 内的稳态波形。

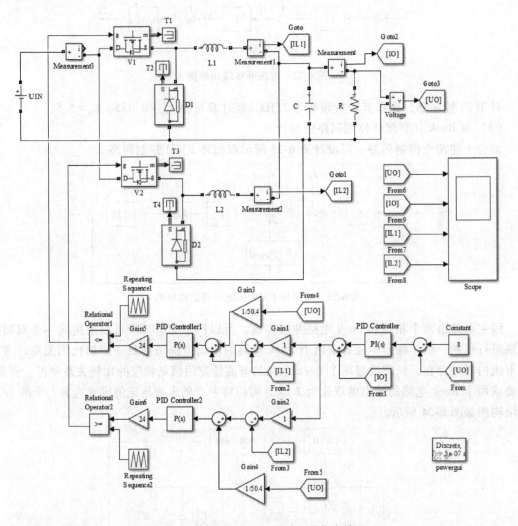

图 6-25　双闭环双 Buck 并联电路仿真模型

2. 仿真波形

1）调整负载电阻为 4Ω，电路将工作在额定输出功率状态，"Gain1"和"Gain2"均设置为 1，即可实现电流平均分配，仿真波形如图 6-26a 所示。

2）调整负载电阻为 8/1.5Ω，"Gain1"设置为 1/3，"Gain2"设置 2/3，即可使两个模块输出电流按 1∶2 模式自动分配电流，仿真波形如图 6-26b 所示。

图 6-26 所示仿真波形由上至下分别为：输出电压 U_o、负载电流 I_o、流过电感 L_1 的电流 I_{L1} 和流过电感 L_2 的电流 I_{L2}。

五、思考题

DC-DC 开关变换器模块并联的主要作用是什么？应用场合有哪些？

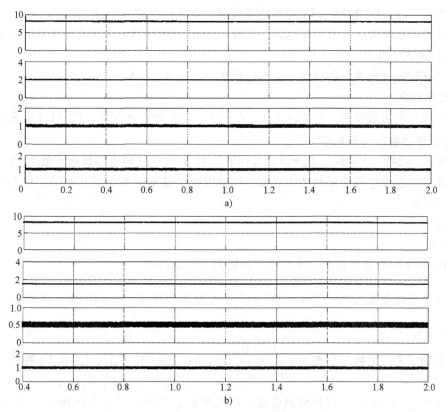

图 6-26　双闭环双 Buck 并联电路仿真波形

6.3　单相 AC-DC 变换电路

（题目来源：2013 年全国大学生电子设计竞赛 A 题）

一、题目要求

设计并制作如图 6-27 所示的单相 AC-DC 变换电路。输出直流电压稳定在 36V，输出电流额定值为 2A。

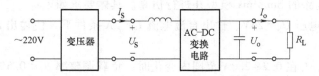

图 6-27　单相 AC-DC 变换电路原理框图

1. 基本要求

1）在输入交流电压 $U_S = 24V$、输出直流电流 $I_o = 2A$ 条件下，使输出直流电压 $U_o = (36 \pm 0.1)$ V。

2）当 $U_S = 24V$，I_o 在 $0.2 \sim 2.0A$ 范围内变化时，负载调整率 $S_I \leqslant 0.5\%$。

3）当 $I_o = 2A$，U_S 在 20～25V 范围内变化时，电压调整率 $S_U \leqslant 0.5\%$。

4）设计并制作功率因数测量电路，实现 AC-DC 变换电路输入侧功率因数的测量，测量误差绝对值不大于 0.03。

5）具有输出过电流保护功能，动作电流为（2.5±0.2）A。

2. 发挥部分

1）实现功率因数校正，在 $U_S = 24V$、$I_o = 2A$、$U_o = 36V$ 条件下，使 AC-DC 变换电路交流输入侧功率因数不低于 0.98。

2）在 $U_S = 24V$、$I_o = 2A$、$U_o = 36V$ 条件下，使 AC-DC 变换电路效率不低于 95%。

3）能够根据设定自动调整功率因数，功率因数调整范围不小于 0.8～1，稳态误差绝对值不大于 0.03。

4）其他。

3. 说明

1）图 6-27 中的变压器由自耦变压器和隔离变压器构成。

2）题中交流参数均为有效值，AC-DC 变换电路效率 $\eta = \dfrac{P_o}{P_S} \times 100\%$，其中，$P_o = U_o I_o$，$P_S = U_S I_S$。

3）本题定义：负载调整率 $S_I = \left| \dfrac{U_{o2} - U_{o1}}{U_{o1}} \right| \times 100\%$，其中，$U_{o1}$ 为 $I_o = 0.2A$ 时的直流输出电压，U_{o2} 为 $I_o = 2.0A$ 时的直流输出电压；电压调整率 $S_U = \left| \dfrac{U_{o2} - U_{o1}}{36} \right| \times 100\%$，其中，$U_{o1}$ 为 $U_S = 20V$ 时的直流输出电压，U_{o2} 为 $U_S = 30V$ 时的直流输出电压。

4）交流功率和功率因数测量可采用数字式电参数测量仪。

5）辅助电源由 220V 工频供电，可购买电源模块（也可自制）作为作品的组成部分。测试时，不再另行提供稳压电源。

6）制作时需考虑测试方便，合理设置测试点，参考图 6-27。

二、实验内容

1）回顾二极管整流电路和升压斩波电路的基本原理，了解并掌握功率因数矫正（PFC）电路的工作原理，器件选择和双闭环设计方法。

2）建立 PFC 电路的 Simulink 模型并进行仿真。具体要求如下：

① 在输入交流电压 $U_S = 24V$、输出直流电流 $I_o = 2A$ 条件下，使输出直流电压 $U_o = (36 \pm 0.1)$ V。

② 当 $U_S = 24V$，I_o 在 0.2～2.0A 范围内变化时，负载调整率 $S_I \leqslant 0.5\%$。

③ 使 AC-DC 变换电路交流输入侧功率因数不低于 0.98。

3）完成仿真报告。

三、实验原理

本题目的核心思想是实现 AC-DC 整流电路的输入交流侧功率因数可控。实现交流输入侧功率因数接近 1 大多采用功率因数校正（PFC）电路，比如常用的开关电源整流器大多就采用 PFC 电路。若要实现交流输入侧功率因数在 $0.8 \sim 1$ 范围内调整一般采用 PWM 整流器。由于在 2009 年的题目中，光伏并网发电模拟装置是设计光伏并网逆变器，其主电路及控制思路和 PWM 整流器基本一致，而 PWM 整流器及其控制器设计会在本章的后面介绍，此处则采用经典的功率因数校正（PFC）电路。

1. PFC 电路

典型的功率因数矫正（PFC）电路的结构如图 6-28 所示，它由一个二极管整流桥和一个升压斩波电路组成。直流侧输出电压 U_o 与给定电压比较后经过电压外环控制回路得到信号 U_e；获取输入电压的相位，可取输入电压 U_S 绝对值的 0.05 倍（检测增益）与 U_e 相乘，使之作为给定电流。电感电流 I_L 与给定信号比较后经过电流内环控制回路，再与锯齿波比较即可得到 MOSFET 的开关控制信号，驱动电路工作。需要指出的是，根据升压斩波电路的工作原理，电感电流 I_L 可以完全由 MOSFET 的导通占空比来控制，通过合理控制使得 I_L 跟随电流给定，使得交流侧的电流与 U_S 同相位，从而达到整流和校正功率因数的目的。

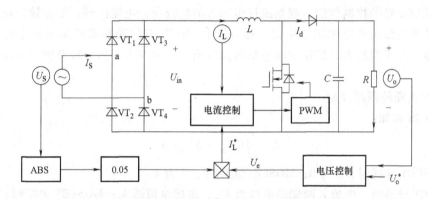

图 6-28　典型 PFC 电路结构

2. 元件参数设计

1）MOSFET 的开关频率设置为 $f = 20\text{kHz}$。

2）电感 L 的确定：由于输入电压 U_S 的有效值为 $20 \sim 25\text{V}$，输出电压要求为 36V，最大输出电压为 2A，因此最大输出功率 P_{omax} 为 72W，假定效率 $\eta = 0.9$，功率因数 $\lambda = 0.95$，则输入电流 I_S 的有效值为

$$I_{\text{S(RMS)}} = \frac{P_{\text{omax}}}{\eta \lambda U_{\text{Smin(RMS)}}} = \frac{72}{0.9 \times 0.95 \times 20}\text{A} = 4.21\text{A}$$

输入电流 I_S 的峰值为

$$I_{\text{S(PEAK)}} = \sqrt{2} I_{\text{S(RMS)}} = \sqrt{2} \times 4.21\text{A} = 5.95\text{A}$$

取电感电流纹波为 I_S 峰值的 10%，即

$$\Delta I_L = 0.1 I_{\text{S(PEAK)}} = 0.595\text{A}$$

电压转换比

$$D = \frac{U_o - U_{\text{Smin(PEAK)}}}{U_o} = \frac{36 - 20\sqrt{2}}{36} = 0.214$$

电感 L 由下式确定：

$$L \geqslant \frac{DU_{\text{Smin(PEAK)}}}{f\Delta I_L} = \frac{0.214 \times 20\sqrt{2}}{20 \times 10^3 \times 0.595}\text{mH} = 0.51\text{mH}$$

这里取 $L = 0.6\text{mH}$。

3）电容 C 可根据输出波纹 ΔU_o 的要求进行选择，公式为

$$C_2 \geqslant \frac{I_{o\max} D_{\max}}{\Delta U_o f}$$

式中，$\Delta U_o \leqslant 0.2\text{V}$，经计算电容 $C_2 \geqslant 0.17\text{mF}$，为了满足较极端的参数情况，可选择约 10 倍的临界值，这里取 $C_2 = 1.5\text{mF}$。

3. 闭环控制器的设计

控制器的结构如图 6-28 所示。由于题设要求稳定输出电压且满足一定的负载调整率，因此需设计闭环控制器实现上述要求，控制目标应为电压和电流。采用电压电流双闭环控制器可以获得较良好的控制性能。根据流过电感 L 的电流设计电流内环；根据输出电压、电流设计电压外环使输出电压跟随给定值，通过控制 MOSFET 的通断来控制电感电流。电感电流越大，输入功率就越大，根据功率平衡可知输出功率也越大，从而控制输出电压使之等于给定值。

（1）电流滞环跟踪控制

由图 6-28 可知：

$$I_L = \int (U_{\text{in}} - SU_o)\,\mathrm{d}t$$

其中，MOSFET 导通时，S 为 0；MOSFET 关断时，S 为 1。

MOSFET 导通时，电感 L 两端的电压为 U_{in}，电感电流增大；MOSFET 关断时，L 两端的电压为 $U_{\text{in}} - U_o$，由于输出电压大于输入电压，电感电流将减小。滞环跟踪控制的思想是：检测当前电流的值，把它与给定值相比，若输出电流比给定值小，且小于一定值时，导通开关；若输出电流比给定值大，且大于一定值时，关断开关。若采用该控制方式，则其输出电流波形如图 6-29 所示。

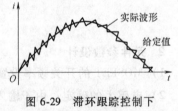

图 6-29　滞环跟踪控制下的输出电流波形

（2）电压外环的设计

如图 6-28 所示，若功率因数 η 为 1，U_S、I_S 分别为输入电压的有效值和输入电流的有效值，则输入功率为

$$S_{\text{in}} = \sqrt{2}U_S\sin\omega t \cdot \sqrt{2}I_S\sin\omega t = U_S I_S(1 - \cos 2\omega t) = U_S I_S - U_S I_S\cos 2\omega t = P_{\text{in}} - Q_{\text{in}}$$

上式包含了有功功率 P_o 和无功功率 Q_o，由于输出电压的大小只和有功功率有关，无功功率仅仅造成输出电压的波动。这里为了方便设计，可以忽略无功功率的影响。

由能量守恒定律可知

$$P_{\text{in}} = U_S I_S = U_o I_o$$

若输出的电感电流能够跟随给定，则由图 6-28 可知输出电流为

$$I_o = \sqrt{2}I_S\sin\omega t = \sqrt{2}U_S k_v U_e\sin\omega t$$

式中，k_v 为输入电压的检测增益，即 0.05。

根据上述分析可以推导出其对应的小信号模型为

$$\widetilde{I}_{\text{o}} = \frac{U_{\text{S}}}{U_{\text{o}}}\widetilde{I}_{\text{S}} = \frac{U_{\text{S}}^{2}}{U_{\text{o}}}k_{\text{v}}\widetilde{U}_{\text{e}} = k_{\text{dc}}\widetilde{U}_{\text{e}}$$

假定 U_{o} 为 36V，U_{S} 取 24V，则 k_{dc} 取为 0.8。

由此可得 PFC 电路等效交流小信号模型如图 6-30 所示。

显然

$$U_{\text{o}} = \frac{1}{sC}\widetilde{I}_{\text{o}} = \frac{k_{\text{dc}}}{sC}\widetilde{U}_{\text{e}}$$

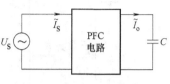

图 6-30　PFC 电路等效交流小信号模型

根据上式可绘制如图 6-31 所示电压环控制框图，采用 PI 控制器，设计闭环回路，其参数设为 $k_{\text{p}} + k_{\text{i}}/s$。

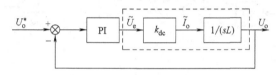

图 6-31　电压环控制框图

电压环的传递函数为

$$G_{\text{u}}(s) = \frac{U_{\text{o}}}{U_{\text{o}}^{*}} = \frac{k_{\text{dc}}(k_{\text{p}}s + k_{\text{i}})}{s^{2}C}$$

PFC 电路结构框图如图 6-32 所示，将电流跟踪控制加入上述电压环，构成闭环控制系统。电流采用滞环跟踪控制，若已获得良好的控制效果，则在分析电压回路时，电流回路的传递函数可视为 1。这里电压环的截止频率设为 50Hz，对于 PI 调节器，为了使响应速度加快，可选转折频率为 25Hz，从而经过计算可得 $k_{\text{p}} = 0.13$，$k_{\text{i}} = 2.04$。

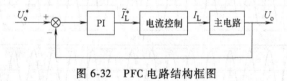

图 6-32　PFC 电路结构框图

四、电路仿真与仿真结果

1. 仿真模型

双闭环 PFC 电路仿真模型如图 6-33 所示。

2. 仿真波形

1）设置 $U_{\text{S(RMS)}} = 24\text{V}$，调整负载电阻为 18Ω，可实现稳定输出电压，仿真时间设置为 1s，选取 0.6~1s 的稳态波形，其仿真波形如图 6-34a 所示。

2）设置 $U_{\text{S(RMS)}} = 24\text{V}$，调整负载电阻为 36Ω，可实现稳定输出电压，仿真时间设置为 1s，选取 0.6~1s 的稳态波形，其仿真波形如图 6-34b 所示。

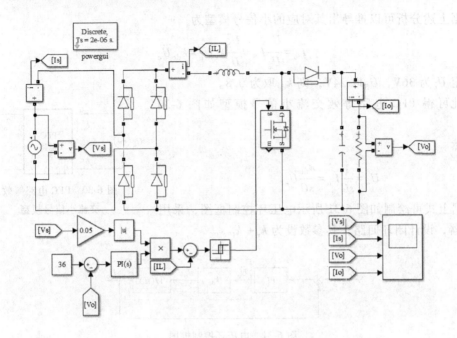

图 6-33　双闭环 PFC 电路仿真模型

3）设置 $U_{S(RMS)} = 24V$，调整负载电阻为 180Ω，可实现稳定输出电压，仿真时间设置为 2s，选取 $1.75 \sim 2s$ 的稳态波形，其仿真波形如图 6-34c 所示。

图 6-34 所示仿真波形由上至下分别为：交流侧电压 V_S、交流侧电流 I_S、直流侧电压 V_o 以及直流侧电流 I_o。

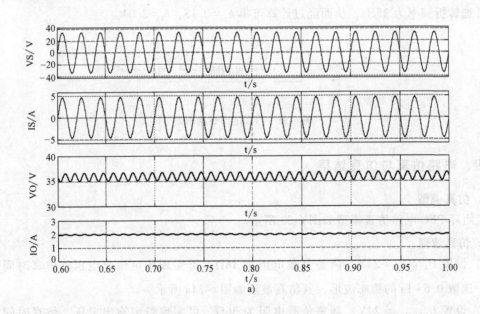

图 6-34　双闭环 PFC 电路仿真波形

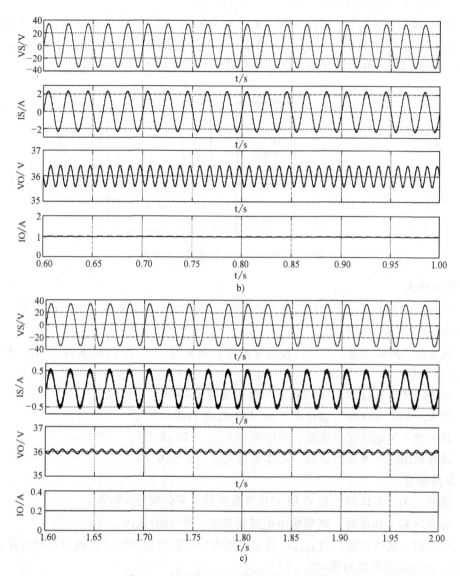

图 6-34　双闭环 PFC 电路仿真波形（续）

五、思考题

单相 AC-DC 功率因数校正整流电路的常用拓扑有哪几种？电流跟踪控制方式主要有哪几种？

6.4　光伏并网发电模拟装置

（题目来源：2009 年全国大学生电子设计竞赛 A 题）

一、题目要求

设计并制作一个光伏并网发电模拟装置，其结构框图如图 6-35 所示。用直流稳压电源

U_S 和电阻 R_S 模拟光伏电池，$U_S = 60V$，$R_S = 30 \sim 36\Omega$；u_{REF} 为模拟电网电压的正弦参考信号，其峰-峰值为 2V，频率 f_{REF} 为 $45 \sim 55Hz$；T 为工频隔离变压器，变比 $n_2 : n_1 = 2 : 1$、$n_3 : n_1 = 1 : 10$，将 u_F 作为输出电流的反馈信号；负载电阻 $R_L = 30 \sim 36\Omega$。

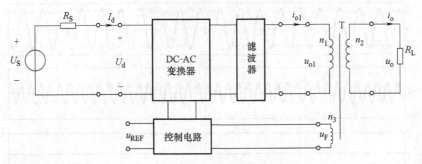

图 6-35　并网发电模拟装置结构框图

1. 基本要求

1）具有最大功率点跟踪（MPPT）功能：R_S 和 R_L 在给定范围内变化时，使 $U_d = 0.5U_S$，相对偏差的绝对值不大于 1%。

2）具有频率跟踪功能：当 f_{REF} 在给定范围内变化时，使 u_F 的频率 $f_F = f_{REF}$，相对偏差绝对值不大于 1%。

3）当 $R_S = R_L = 30\Omega$ 时，DC-AC 变换器的效率 $\eta \geq 60\%$。

4）当 $R_S = R_L = 30\Omega$ 时，输出电压 u_o 的失真度 THD$\leq$5%。

5）具有输入欠电压保护功能，动作电压 $U_{d(th)} = 25 \pm 0.5V$。

6）具有输出过电流保护功能，动作电流 $I_{o(th)} = 1.5 \pm 0.2A$。

2. 发挥部分

1）当 $R_S = R_L = 30\Omega$ 时，提高 DC-AC 变换器的效率，使 $\eta \geq 80\%$。

2）当 $R_S = R_L = 30\Omega$ 时，降低输出电压失真度，使 THD$\leq$1%。

3）实现相位跟踪功能：当 f_{REF} 在给定范围内变化以及加非阻性负载时，均能保证 u_F 与 u_{REF} 同相，相位偏差的绝对值 $\leq$5°。

4）过电流、欠电压故障排除后，装置能自动恢复为正常状态。

5）其他。

3. 说明

1）本题中所有交流量除特别说明外均为有效值。

2）U_S 采用实验室可调直流稳压电源，不需自制。

3）控制电路允许另加辅助电源，但应尽量减少电路数和损耗。

4）DC-AC 变换器效率 $\eta = \dfrac{P_o}{P_d}$，其中，$P_o = U_{o1}I_{o1}$，$P_d = U_d I_d$。

5）基本要求 1）、2)和发挥部分 3)要求从给定值或条件发生变化到电路达到稳态的时间不大于 1s。

6）装置应能连续安全工作足够长时间，测试期间不能出现过热等故障。

7）制作时应合理设置测试点（参考图 6-35），以方便测试。

二、实验内容

1）回顾逆变电路的拓扑结构与工作原理。

2）建立双闭环单相全桥逆变电路的 Simulink 模型并进行仿真。具体要求如下：用直流稳压电源 U_S 和电阻 R_S 模拟光伏电池，$U_S = 60V$，$R_S = 30 \sim 36\Omega$，设计一个逆变电路，输出经滤波器后接在负载电阻 $R_L = 30 \sim 36\Omega$ 上，要求电路具有最大功率点跟踪（MPPT）功能：R_S 和 R_L 在给定范围内变化时，使 $U_d = 0.5U_S$，相对偏差的绝对值不大于 1%。

3）完成仿真报告。

三、实验原理

1. 并网逆变电路工作原理

一般来说，并网逆变器要求能够控制逆变器的输出电流相位以获得单位功率因数和使直流侧能以最大功率输出。而对于 PWM 整流器来说，它的控制目标为获得单位功率因数以及输出电压的大小。可以看出，并网逆变器的控制目标与 PWM 整流器有相通之处，即并网逆变器可以看成 PWM 整流器工作在逆变状态。下面简要介绍 PWM 整流器的原理。

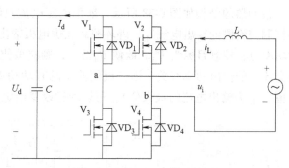

图 6-36 全桥 PWM 整流器结构

PWM 整流器有各种各样的拓扑结构，如图 6-36 所示的全桥结构是一种经典的 PWM 整流器结构，它具有结构简单、控制方便的特点。其采用双极性调制，以图中规定的方向为正方向。该电路的工作情况如表 6-1 所示。

表 6-1　并网逆变电路的工作情况

i_L	V_1	V_2	V_3	V_4	C	U_d
+	开	关	开	关	充电	升
+	关	开	关	开	放电	降
-	开	关	开	关	放电	降
-	关	开	关	开	充电	升

由于上下桥臂不能直通，故 V_1 与 V_2、V_3 与 V_4 不能同时导通，且其驱动信号应互补，故定义开关函数 S 为

$$S = \begin{cases} 1, V_1 \text{ 开且 } V_4 \text{ 开} \\ 0, V_2 \text{ 开且 } V_3 \text{ 开} \end{cases}$$

假设电路已经工作于稳态，则 $U_{ab} = SU_d$，$I_{ab} = Si_L$，从而交流侧与直流侧分别可以等效为图 6-37a、b 所示的电路。

2. 元件参数设计

1）MOSFET 的开关频率设置为 $f = 20kHz$。

2）LC 滤波电路参数设计：LC 滤波电路的功能是滤掉电路中的高次谐波，保留基波。因此其转折频率 $f_c = \dfrac{1}{2\pi\sqrt{LC}}$ 应满足 $50\text{Hz} < f_c < 20\text{kHz}$，可选择 $f_c = 1\text{kHz}$。由于电容不得采用有极性的电解电容，而要采用无极性的贴片电容，同时为了减小电感，降低实际

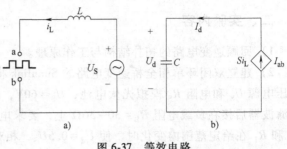

图 6-37　等效电路

装置的体积，可选择电容为 $20\mu\text{F}$，即 $C_2 = 20\mu\text{F}$。由此，可选择电感 $L = 1.26\text{mH}$。

3. 控制器的设计

控制器的结构如图 6-38 所示，采用电压电流双闭环控制器可以获得较好的控制性能，内环控制交流侧的输出电流 i_L，外环控制光伏电板输出电压 u_o。设计要求控制光伏电板输出在最大功率点，控制目标为 U_d。欲使 U_d 稳定，则应该使 I_S 稳定，I_S 和 U_d 与 I_d 有关，而 I_d 的大小又与交流侧的输出功率有关。因交流侧输出的有功功率为 $U_i I_L / 2$（其中 U_i 为输出交流电压的最大值，I_L 为输出电流的最大值），可以通过改变给定的 SPWM 波调制信号来改变输出功率。

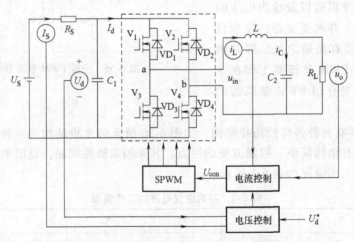

图 6-38　单相全桥逆变器闭环控制器结构

（1）电流内环的设计

由图 6-38 易得

$$L\frac{\mathrm{d}i_L}{\mathrm{d}t} = u_{in} - u_o = k_{PWM} U_{con} - u_o$$

根据上式可绘制图 6-39 所示虚线框内的结构框图。电流给定采用一常数 I_L 乘上一正弦

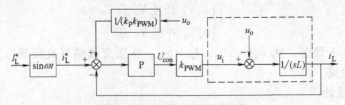

图 6-39　电流内环结构框图

函数 $\sin\omega t$ 的形式。假设电压的初始相位为 0，采用 P 控制器设计闭环回路，其参数设为 k_{ip}。为消除输出电压 U_o 的扰动，加入一个前馈部分。

此时，电流内环的传递函数为

$$G_i(s) = \frac{i_L}{i_L^*} = \frac{k_{ip}k_{PWM}/L}{s + k_{ip}k_{PWM}/L}$$

其截止频率 $\omega_{ci} = k_{ip}k_{PWM}/L$。若电流内环的截止频率选为开关频率的 10% 以下，这里选定 1000Hz 作为电流环的截止频率，$L = 1.26$mH，假定 $k_{PWM} = 30$，令 $U_{tm} = 1$V，则 k_{ip} 可取为 0.28。

（2）电压外环的设计

由图 6-38 易得

$$C_1 \frac{dU_d}{dt} = I_S - I_d$$

由功率平衡的条件

$$U_d I_d \approx \frac{i_L u_i}{2}$$

以及

$$u_i = \frac{U_{con}}{U_{tm}}U_d = 2kU_d$$

其中，I_L 和 U_i 分别为 i_L 和 u_i 的最大值。

可得

$$C_1 \frac{dU_d}{dt} = I_S - kI_L$$

由于 U_{con} 的值在 0~1V 范围内变化，因此，k 在 0~0.5 范围内变化，为方便设计，可取为 0.4。

根据上式可绘制图 6-40 所示虚线框内的结构框图。采用 PI 控制器，设计闭环回路，其传递函数设为 $k_{vp} + k_{vi}/s$。注意这里 PI 参数均为负数。电流回路的带宽远小于电压回路带宽，则在分析电压回路时，电流回路的传递函数可视为 1。为了抵消电流 I_S 对电压回路的扰动，将负载电流加入电流回路的输入端。

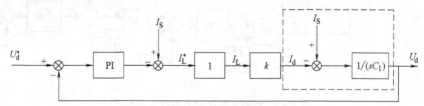

图 6-40　电压外环结构框图

此时，电压外环的传递函数为

$$G_u(s) = \frac{U_o}{U_o^*} = \frac{k(k_{vp}s + k_{vi})}{s^2 C_1 + kk_{vp}s + kk_{vi}}$$

综合超调量、调整时间等因素，取 $C_1 = 2\text{mF}$，选择 PI 调节器的转折频率 50Hz，经过计算可得 PI 控制器的参数为：$k_{vp} = -0.15$，$k_{vi} = -3.77$。

（3）单相全桥逆变器闭环控制回路的设计

综合上述两个控制回路，可设计如图 6-41 所示双闭环 PWM 控制回路。

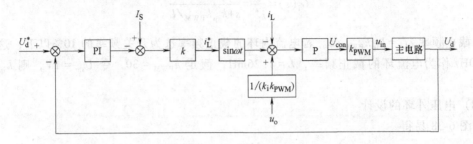

图 6-41　双闭环 PWM 控制回路结构框图

四、电路仿真与仿真结果

1. 仿真模型

双闭环光伏逆变器仿真模型如图 6-42 所示。

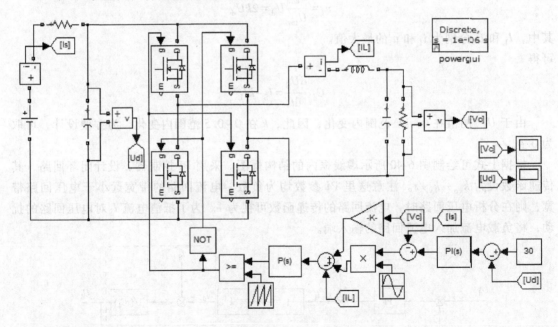

图 6-42　双闭环光伏逆变器仿真模型

2. 仿真波形

1）设置 $U_S = 60\text{V}$，光伏电池等效内阻 30Ω，负载电阻 7.5Ω，可实现最大功率输出即 $U_d = U_S/2$，仿真时间设置为 0.8s，选取 $0.4 \sim 0.8\text{s}$ 的稳态波形，其仿真波形如图 6-43a 所示。

2）设置光伏电池等效内阻 30Ω，负载电阻 9Ω，可实现最大功率输出，仿真时间设置为 0.8s，选取 0.4~0.8s 的稳态波形，其仿真波形如图 6-43b 所示。

3）设置光伏电池等效内阻 36Ω，负载电阻 7.5Ω，可实现最大功率输出，仿真时间设置为 0.8s，选取 0.4~0.8s 的稳态波形，其仿真波形如图 6-43c 所示。

4）设置光伏电池等效内阻 36Ω，负载电阻 9Ω，可实现最大功率输出，仿真时间设置为 0.8s，选取 0.4~0.8s 的稳态波形，其仿真波形如图 6-43d 所示。

以下波形由上至下分别为：逆变器输出交流电压 U_o 以及逆变器输入直流电压 U_d。

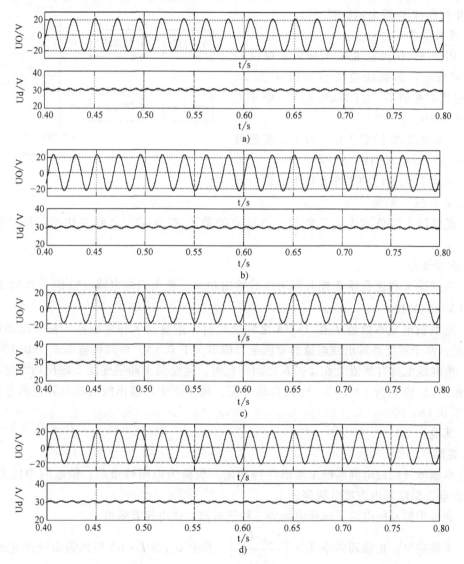

图 6-43　双闭环光伏逆变器仿真波形

五、思考题

如果负载是交流电网，那么光伏并网逆变器的设计有什么不同？

6.5　微电网模拟系统　◀◀◀

（题目来源：2017 年全国大学生电子设计竞赛 A 题）

一、题目要求

设计并制作由两个三相逆变器组成的微电网模拟系统，其系统框图如图 6-44 所示，负载为三相对称 Y 连接电阻负载。

1. 基本要求

1）闭合 S，仅用逆变器 1 向负载提供三相对称交流电。负载线电流有效值 I_o 为 2A 时，线电压有效值 U_o 为（24±0.2）V，频率 f_o 为（50±0.2）Hz。

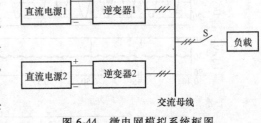

图 6-44　微电网模拟系统框图

2）在基本要求 1）的工作条件下，交流母线电压总谐波畸变率（THD）不大于 3%。

3）在基本要求 1）的工作条件下，逆变器 1 的效率 η 不低于 87%。

4）逆变器 1 给负载供电，负载线电流有效值 I_o 在 0～2A 之间变化时，负载调整率 $S_{I1} \leqslant 0.3\%$。

2. 发挥部分

1）逆变器 1 和逆变器 2 能共同向负载输出功率，使负载线电流有效值 I_o 达到 3A，频率 f_o 为（50±0.2）Hz。

2）负载线电流有效值 I_o 在 1～3A 之间变化时，逆变器 1 和逆变器 2 输出功率保持为 1∶1 分配，两个逆变器输出线电流的差值绝对值不大于 0.1A。负载调整率 $S_{I2} \leqslant 0.3\%$。

3）负载线电流有效值 I_o 在 1～3A 之间变化时，逆变器 1 和逆变器 2 输出功率可按设定在指定范围（比值 K 为 1∶2～2∶1）内自动分配，两个逆变器输出线电流折算值的差值绝对值不大于 0.1A。

4）其他。

3. 说明

1）本题涉及的微电网系统未考虑并网功能，负荷为电阻性负载，微电网中风力发电、太阳能发电、储能等由直流电源等效。

2）题目中提及的电流、电压值均为三相线电流、线电压有效值。

3）本题定义：负载调整率 $S_{I1} = \left| \dfrac{U_{o2} - U_{o1}}{U_{o1}} \right|$，其中 U_{o1} 为 $I_o = 0\text{A}$ 时的输出端线电压，U_{o2} 为 $I_o = 2\text{A}$ 时的输出端线电压；负载调整率 $S_{I2} = \left| \dfrac{U_{o2} - U_{o1}}{U_{o1}} \right|$，其中 U_{o1} 为 $I_o = 1\text{A}$ 时的输出端线电压，U_{o2} 为 $I_o = 3\text{A}$ 时的输出端线电压；逆变器 1 的效率 η 为逆变器 1 的输出功率除以直流电源 1 的输出功率。

4）发挥部分 3）中的线电流折算值定义：功率比值 $K>1$ 时，其中电流值小者乘以 K，电流值大者不变；功率比值 $K<1$ 时，其中电流值小者除以 K，电流值大者不变。

二、实验内容

1）回顾逆变电路并联的拓扑结构与工作原理。

2）建立微电网模拟系统的 Simulink 模型并进行仿真。具体要求：由逆变器 1 建立一个模拟微电网，其输出线电压的有效值 $U_o = (24 \pm 0.2)\,\text{V}$。

3）完成仿真报告。

三、实验原理

1. 三相 SPWM 逆变电路工作原理

三相逆变电路中，应用最广的是三相桥式逆变电路，它主要由直流侧、三相逆变桥及输出端的 LC 滤波电路组成，其拓扑结构如图 6-45 所示。正常工作时，同一半桥的上下两个桥臂交替导通。对于整个电路，每一个瞬间均有三个开关导通，三个开关关闭。

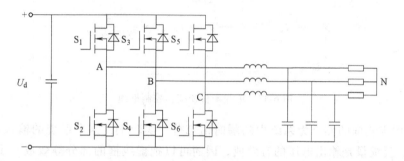

图 6-45　三相桥式逆变电路拓扑结构

每一相的上下开关控制信号互补，采用双极性调制。控制脉冲信号可以由一个正弦调制波与三角载波比较获得，且相与相之间的调制信号幅值相同、相位依次差 120°。以 A 相为例，当开关 S_1 打开、S_2 关闭时，$U_A = U_d$；当开关 S_1 关闭、S_2 打开时，$U_A = 0$。这样，在 A、B、C 端各可以得到一峰峰值为 U_d 的 SPWM 波。对于线电压 U_{AB}，其值有 U_d、0、$-U_d$ 三种，而 $U_{AB} = U_A - U_B$，则正常工作状态下 U_A、U_B、U_{AB} 的波形如图 6-46 所示。

2. 独立三相 SPWM 逆变器的设计

若如图 6-45 所示的三相桥式逆变电路处于正常工作状态，则 N 点的电位为 $U_d/2$。它的每一相都是独立的，相互之间不存在耦合关系，从而可以把该电路看作是三个输出电压相位相差 120° 的单相逆变器组合而成，因而可以针对单相半桥逆变电路来分析。为了便于分析，可把直流侧的电压分成两个电压值为一半的直流电压源串联，并引出中点，把上述三相桥式逆

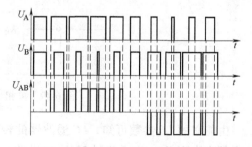

图 6-46　三相桥式 PWM 逆变电路电压波形

变电路分解后可得如图 6-47 所示的单相半桥逆变电路。

由图 6-47 可以推出 U_i 和 U_o 之间的传递函数 $G_r(s)$ 为

$$G_r(s) = \frac{U_i(s)}{U_o(s)} = \frac{R}{s^2 LRC + sL + R}$$

开关控制信号由正弦调制信号 U_m 与峰值 U_{tri} 为 1 的三角载波比较来获得，因此

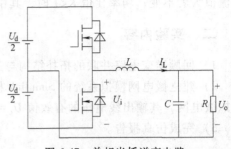

图 6-47　单相半桥逆变电路

$$U_i = \frac{U_d}{2} U_m = K_{PWM} U_m$$

本题的基本要求是建立一个模拟的微电网，其控制目标为输出电压，而三相逆变器的输出电压的波形与相位可以通过正弦调制信号来保证，因此可以采用控制有效值的方法来控制输出电压。这里采用 PI 控制器，其传递函数为 $K_{rp} + K_{ri}/s$。根据上述表达式，可以得出其控制框图如图 6-48 所示。

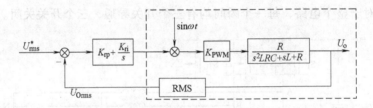

图 6-48　单相半桥逆变器控制框图

图 6-48 中虚线框的部分为系统中的瞬时值部分。实际上，这个系统的输入是一个正弦波的有效值，反馈量是输出电压的有效值，因而可以把虚线框的部分等效成一个增益环节，其增益系数 K_S 为

$$K_S = \left| \frac{K_{PWM} R}{s^2 LRC + sL + R} \right|$$

LC 滤波器的设计方法可以参照前述，这里不再赘述。本题选择电容 $C = 10\mu F$、电感 $L = 2.5mH$，而题目要求在输出线电压有效值为 24V 的情况下，线电流为 $0 \sim 2A$，因此 $R = 7 \sim \infty$ Ω，可以选 $R = 7\Omega$。令直流侧的电压 $U_d = 50$，从而 $K_{PWM} = 25$，经计算得 $K_S = 24.9$。将控制框图化简成如图 6-49 所示。

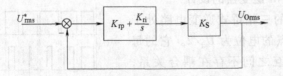

图 6-49　单相半桥逆变器等效框图

由前文的 LC 参数可知，LC 滤波器的转折频率为 1kHz，因而对于 PI 控制器可以选择其转折频率为 1kHz。为了抑制 50Hz 的扰动，应该令该电压环的截止频率小于 50Hz，这里选 10Hz，则根据等效框图，经计算可得 PI 控制的参数为 $K_{rp} = 0.0004$，$K_{ri} = 2.51$。

3. 并联三相 SPWM 逆变器的设计

对于电源并联系统的控制方式，常用的有集中控制方式、主从控制方式等。前述的开关

电源并联供电系统采用的便是集中控制方式，本题欲模拟出微电网的并网，故可以采用主从控制方式。采用该控制方式，系统应包括一个主模块和多个从模块，主模块即主逆变器，用它模拟出一个电网；从模块即并网逆变器，用它实现与主逆变器的并联。主模块逆变器采用电压控制，从而控制整个并联系统的输出电压；从模块逆变器采用电流控制，从而可以调节各逆变器的输出功率。本题只有一个从模块，整个系统的结构如图 6-50 所示。

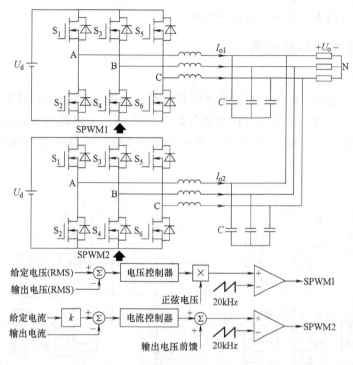

图 6-50　三相桥式逆变器并联结构

对于主逆变器，其结构以及控制方式与前述独立三相逆变器相同。检测主逆变器的输出电流，再经过一个增益环节后即得到从逆变器的电流给定值。逆变器采用反馈控制与前馈控制，从逆变器的输出电流跟随给定值，可实现两逆变器输出电流的任意调节，达到任意分配功率的目的。下面介绍从逆变器的设计，同样把三相逆变器看成三个单相逆变器的组合，对单相逆变器进行分析。由图 6-47 可得

$$L \frac{\mathrm{d}I_{\mathrm{L}}}{\mathrm{d}t} = U_{\mathrm{i}} - U_{\mathrm{o}} = K_{\mathrm{PWM}} U_{\mathrm{m}} - U_{\mathrm{o}}$$

电流控制器采用 PI 控制器，其传递函数为 $K_{\mathrm{ip}} + K_{\mathrm{ii}}/s$，根据上述表达式可以得出电流内环的控制框图如图 6-51 所示。

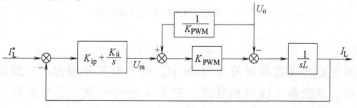

图 6-51　电流内环控制框图

根据框图得其开环传递函数为

$$G_i = \frac{K_{PWM}(sK_{ip}+K_{ii})}{s^2 L}$$

其中，$K_{PWM}=25$、$L=2.5mF$。为了使开环传递函数的对数频率响应曲线能以 $-20dB/dec$ 的斜率穿过 0dB 线，可以选择 PI 控制器的转折频率为 100Hz。令电流内环的截止频率为 1000Hz，经计算可得 $K_{ip}=0.63$、$K_{ii}=395.64$。

四、电路仿真与仿真结果

1. 仿真模型

对于基本要求部分，独立三相逆变器的仿真模型如图 6-52 所示；对于发挥部分，并联三相逆变器仿真模型的电路部分及控制部分如图 6-53 所示。电路参数的设置参照前述，电容 $C=10\mu F$、电感 $L=2.5mH$，直流电压源的电压为 25V，仿真时间为 0.25s，选取 0.05 ~ 0.25s 的稳态波形。

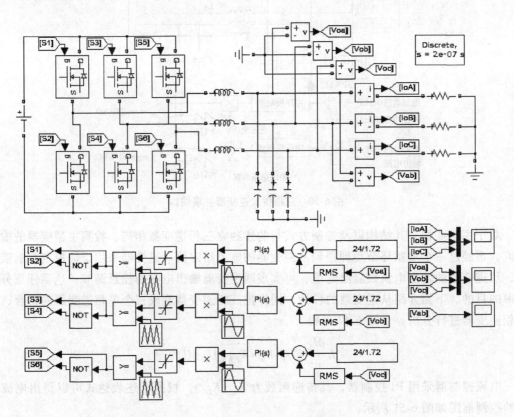

图 6-52　独立三相逆变器仿真模型

2. 仿真波形

双闭环光伏逆变器仿真波形如图 6-54 所示，由上至下分别为：三相负载相电流、逆变器 1 输出相电流、逆变器 2 输出相电流、三个 A 相相电流、三相负载相电压和负载线电压。

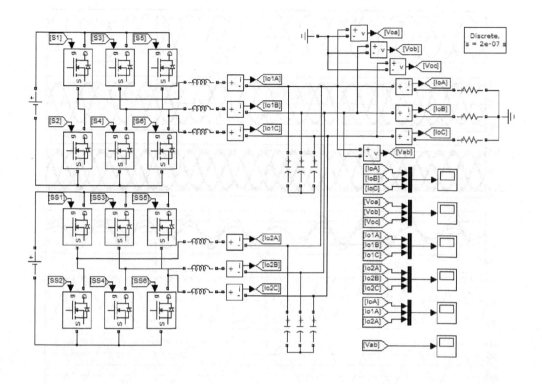

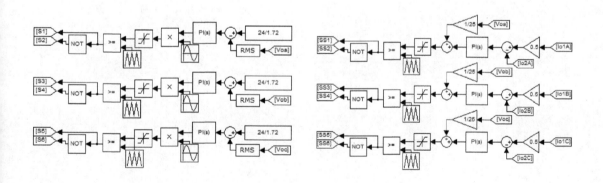

图 6-53　并联三相逆变器仿真模型的电路部分及控制部分

五、思考题

DC-AC 变换器的并联与 DC-DC 变换器的并联有何差异？请对比相应控制器设计的异同。

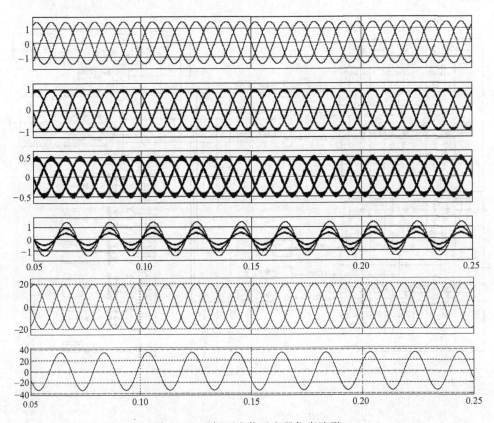

图 6-54 双闭环光伏逆变器仿真波形

参 考 文 献

［1］ 王兆安，刘进军，杨旭，等．电力电子技术［M］．5版．北京：机械工业出版社，2009．

［2］ 裴云庆，卓放，王兆安．电力电子技术学习指导习题集及仿真［M］．北京：机械工业出版社，2012．

［3］ 程红，王聪，王俊．开关变换器建模控制及其控制器的数字实现［M］．北京：清华大学出版社，2013．

［4］ 胡寿松．自动控制原理［M］．5版．北京：科学出版社，2007．

［5］ 徐德鸿．电力电子系统建模及控制［M］．北京：机械工业出版社，2007．

［6］ 张卫平．开关变换器的建模及控制［M］．北京：中国电力出版社，2006．

［7］ 黄忠霖，黄京．电力电子技术的MATLAB实践［M］．北京：国防工业出版社，2009．

［8］ 贺博．单相PWM整流器的研究［D］．武汉：华中科技大学，2012．

［9］ 王立华．全国大学生电子设计竞赛电源类赛题新变化与赛前训练［J］．实验科学与技术，2014，21（4）：220-221．